Sewing Pattern Book II
Dress

Sewing Pattern Book II

Dress

Sewing Pattern Book II
Dress

Sewing Pattern Book II
Dress

Sewing Pattern Book II

Dress
設計自己的洋裝
一 件 就 型 的 獨 創 設 計 款

野木陽子◎著

Contents

※身片、袖子、領圍、領片，全部皆可自由組合。
※但由於寬版剪裁為獨立發展，因此不適用於上述情況。

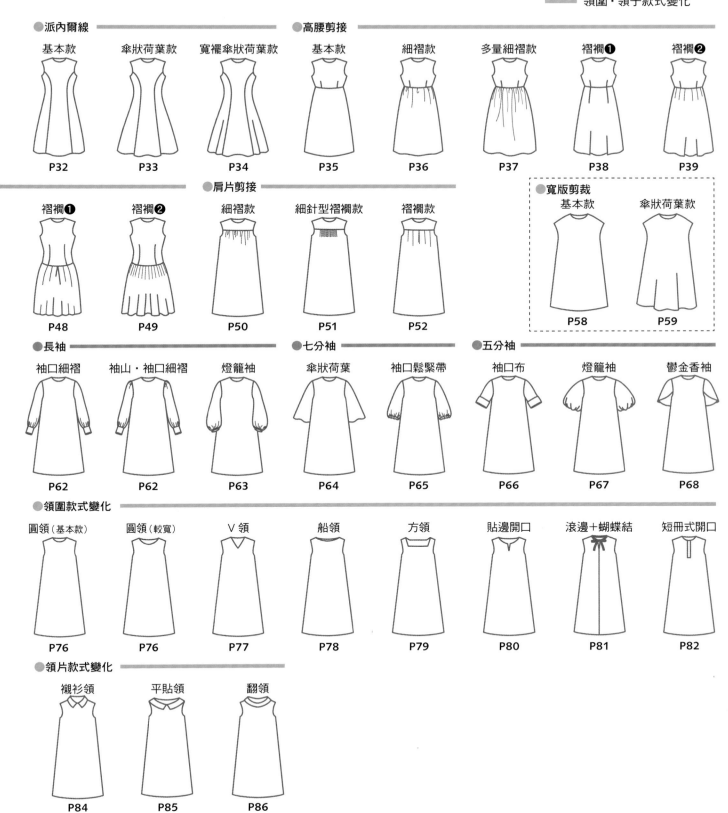

身片款式變化
袖子款式變化
領圍・領子款式變化

● 派內爾線

基本款 P32
傘狀荷葉款 P33
寬襬傘狀荷葉款 P34

● 高腰剪接

基本款 P35
細褶款 P36
多量細褶款 P37
褶襉❶ P38
褶襉❷ P39

● 肩片剪接

褶襉❶ P48
褶襉❷ P49
細褶款 P50
細針型褶襉款 P51
褶襉款 P52

● 寬版剪裁

基本款 P58
傘狀荷葉款 P59

● 長袖

袖口細褶 P62
袖山・袖口細褶 P62
燈籠袖 P63

● 七分袖

傘狀荷葉 P64
袖口鬆緊帶 P65

● 五分袖

袖口布 P66
燈籠袖 P67
鬱金香袖 P68

● 領圍款式變化

圓領（基本款）P76
圓領（較寬）P76
Ｖ領 P77
船領 P78
方領 P79
貼邊開口 P80
滾邊＋蝴蝶結 P81
短冊式開口 P82

● 領片款式變化

襯衫領 P84
平貼領 P85
翻領 P86

本書使用方法

各個部位
表示身片、袖子、領子的種類和名稱。

解說
解說紙型特徵和作法重點。

Pattern

使用縮小的原寸紙型表示各部位的使用方式。

• 【　】內的英文字母代表原寸紙型刊載頁，後方文字代表部位名稱。

• 灰色覆蓋部分…由於原寸紙型為複數線條重疊，為清楚辨識，會在本頁所使用的部分上色。單獨使用的部分則不上色。

• 基本上內側線代表完成線（紙型標示線），外側線代表縫份線。

• 縫份寬度、黏著襯、布紋線的標示皆為基準值。會依照設計及車縫方式而改變，因此請加以參考運用。

• 只有直線且標記尺寸的部分，基本上未附紙型。

參考用圖片
為了避免示範作品因布料質感產生誤差，全部使用平織薄布製作。正面、側面、背面會依照需求顯示。

索引
表示款式與部位分類。

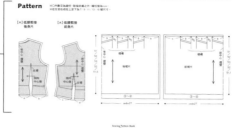

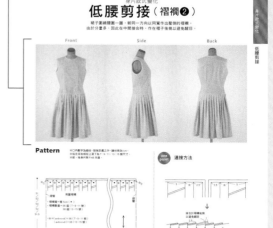

說明製作部分、處理方法或是便利的小技巧等。有些頁面未記載。

紙型描繪方法

1. 從原寸紙型選擇喜歡的款式和尺寸，並以麥克筆標明記號。

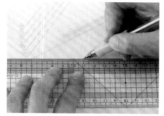

2. 描圖紙重疊於紙型，放上紙鎮固定以避免移動。使用方格尺描線。

3. 曲線部分可慢慢移動直尺描繪，或是對齊曲線尺上弧度相符的部分描繪。

4. 適當地標註布紋線、合印記號、部位名稱等資訊。

開始測量尺寸

本書以下方尺寸表為基準，準備了7號至15號的尺寸。
請各自量身，確認符合哪個尺寸。

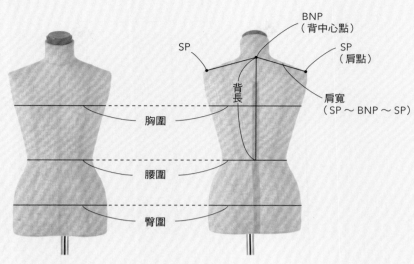

尺寸表

穿著內衣所測量的尺寸（裸體尺寸）

單位＝cm

尺寸（號）	胸圍	腰圍	臀圍	肩寬	身長	背長
7	80	60	86	38	150〜156	38
9	84	64	90	39	156〜162	39
11	88	68	94	40	162〜168	40
13	93	73	99	41	162〜168	40
15	98	78	104	42	162〜168	40

完成尺寸

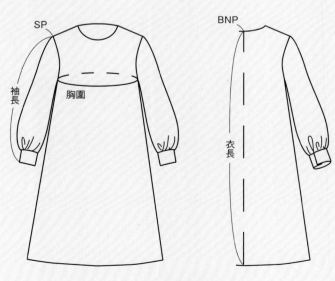

各部位名稱

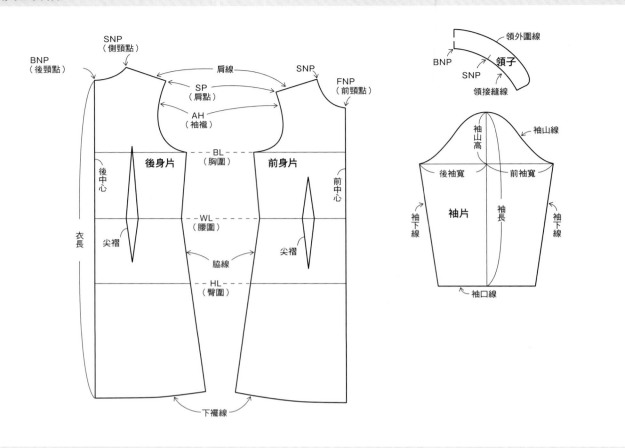

領外圍線

BNP　領子

SNP

領接縫線

BNP
（後頸點）

SNP
（側頸點）

肩線

SP
（肩點）

SNP

FNP
（前頸點）

AH
（袖襱）

後身片　　　BL（胸圍）　　前身片

後中心

前中心

WL（腰圍）

尖褶　　　尖褶

衣長

脇線

HL（臀圍）

下襬線

袖山線

袖山高

後袖寬　　前袖寬

袖片　袖長

袖下線　　　　　　袖下線

袖口線

描線種類和記號

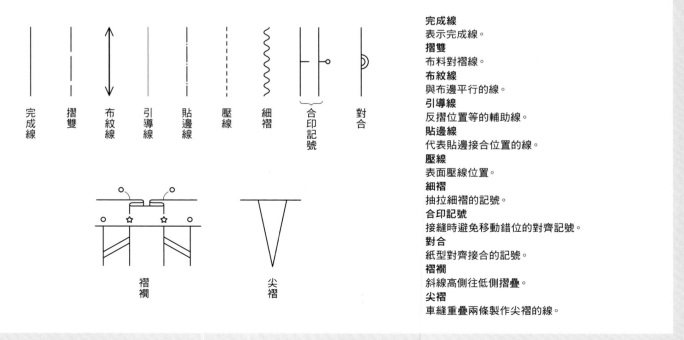

完成線　摺雙　布紋線　引導線　貼邊線　壓線　細褶　合印記號　對合

褶襉　　尖褶

完成線
表示完成線。
摺雙
布料對摺線。
布紋線
與布邊平行的線。
引導線
反摺位置等的輔助線。
貼邊線
代表貼邊接合位置的線。
壓線
表面壓線位置。
細褶
抽拉細褶的記號。
合印記號
接縫時避免移動錯位的對齊記號。
對合
紙型對齊接合的記號。
褶襉
斜線高側往低側摺疊。
尖褶
車縫重疊兩條製作尖褶的線。

關於布料

決定好款式和設計之後，接下來的選擇布料十分重要。請認識素材的種類和特徵，才能製作出心目中的款式。

布料名稱

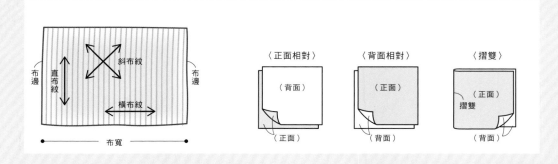

布料的處理

〔浸水〕
浸水會收縮的布料，必須在裁剪之前浸水使其收縮。但遇水會掉色或變質的材質，以及化纖、絲，不可浸水。

● 棉、麻

  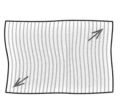 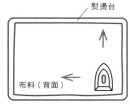

1. 浸泡於大量水中一晚。

2. 輕輕扭乾，整理布紋並陰乾。

3. 完全乾燥之前，拉伸整理使布紋成直角。

4. 自然乾燥後，順著布紋從背面熨燙整理。

● 化學纖維
無需泡水或整理布紋。若有皺紋，請低溫熨燙輕輕拉伸。

● 絲
無需浸水處理，低溫熨燙調整布紋。

● 羊毛
將布料整體噴濕，避免水分蒸發，放入大塑膠袋一晚。從塑膠袋取出後，從背面低溫熨燙整理布紋。為避免傷害布料，熨燙時可墊布或稍微騰空。

〔整理布紋〕
調整布紋以避免經線和緯線歪曲，稱之為「整理布紋」。

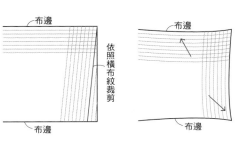 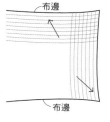 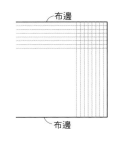

1. 布紋歪斜時，請順著橫布紋裁剪。

2. 拉伸布料調整歪斜。

3. 一面調整使布紋呈直角，一面熨燙。

布邊不平整時
先在布邊剪出大量牙口後，以熨斗整理布紋。

布的種類 ※布料為10cm見方

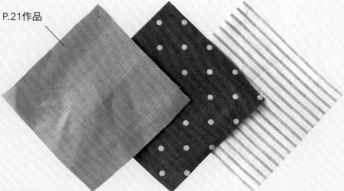

P.21作品

亞麻布

以亞麻為原料，使用天然纖維織成的布，具有強度，且柔軟有韌性。由於吸水性優越，有涼爽感，因此適合夏季服飾，但近年來是全年皆可見的布料。使用上稍嫌麻煩，但特有的皺紋與質感很受歡迎。中間的植絨印花是以有立體感的圖案作點綴。

棉布

膚觸良好且吸汗，因此使用於眾多服飾。左邊的花朵圖案是以小緹花（Dobby）織法作出小型圖案的類型。右邊的格紋布由於混有聚酯纖維，因此不易起皺，略帶光澤。推薦用於大量細褶的設計。

燈芯絨・棉絨

左邊是有上下走向條紋的細燈芯絨。使用時要逆毛裁剪。右邊是皺褶加工的棉絨。由於厚棉絨不易使用，建議使用薄款。觸摸時讓人感覺溫暖，因此適合秋冬。

P.18・19作品

中厚棉布

織紋緊密的堅韌布料，因此布紋穩定好車縫。建議使用於A字線或褶襉設計。由於厚度恰到好處不會透光，故適合單層款式的洋裝。代表性的布料為丹寧布、華達呢等。

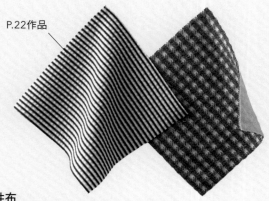

P.22作品

彈性布

左邊的條紋款是具有細緻紋路的泡泡紗（Seersucker）彈性布。右邊的格紋款式是雙層彈性布。有彈性便能貼合身體，穿著舒適。若選擇彈性較小的款式，則較易於家用縫紉機車縫。

絲

天然纖維，柔韌且具有光澤的高級質感是其特色。從具垂墜感的類型到有挺度的款式，種類豐富。具垂墜性的款式能夠呈現出漂亮的波紋。適用於華麗的設計。

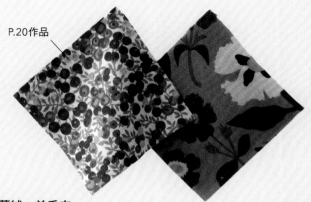

P.20作品

法蘭絨・羊毛布
左邊的棉質法蘭絨印花布，由於刷毛的緣故，因此溫暖、蓬鬆又柔軟。右邊是平織羊毛印花布。兩者皆為薄布，但具有溫度的手感，推薦使用在秋冬洋裝。薄布可呈現出漂亮的細褶。

刷毛羊毛布・壓縮針織羊毛布
左為刷毛羊毛格紋布。大圖案由於需要對花，因此在計算用量時要注意。右邊的壓縮針織羊毛布，是將羊毛線進行平面編織後再壓縮密合，因此看不見織紋。適用於秋冬洋裝。

P.23作品

化學纖維
左邊是混紡毛呢布，中間是毛呢布，右邊則是花紋織布。化學纖維（化纖）由於不易起皺，因此很適合製作洋裝。中厚程度不但不易透光，也方便使用。也很推薦混有少許棉或絲線等天然纖維的布料。

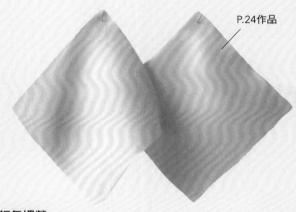

P.24作品

銅氨嫘縈
使用採收棉花後所殘留的短纖維製作的再生纖維。常用於裡布。質感與顏色選擇豐富。滑順度良好，卻也造成不易裁剪和車縫，因此初學者最好使用稍有硬挺度的類型。

〔對花〕
對齊直線與橫線。直線是在後中心、前中心、袖中心呈相同圖案進行排列。橫線則是使胸腺和袖寬線呈一直線排列，對齊圖案。

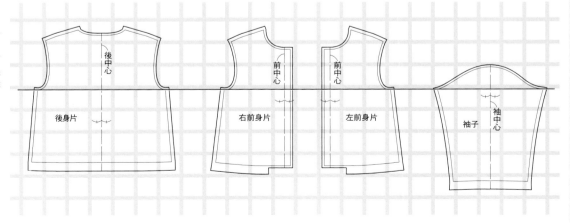

後中心　後身片　前中心　右前身片　前中心　左前身片　袖中心　袖子

關於工具

製作紙型、裁剪布料、縫合製作所需的工具。
一開始無需全部備齊，巧妙地利用方便工具，就能輕鬆愉快地縫製。

工具提供／★＝Clover株式會社 縫線＝株式會社FUJIX

方格尺★
50cm長方格尺，透明且印有方格，使用方便。用於測量尺寸，描繪紙型等時機。

曲線尺★
製圖及描繪紙型時，用來繪製曲線部分。

描圖紙★
可透視下方物體，輕薄耐用的紙張，用於製圖或製作紙型時。

布鎮★
固定紙型以避免跑位的重物。

粉土筆★
在布料上作記號用的鉛筆。可水洗清除的水溶性款式，使用時很方便。

布用複寫紙★
用於作記號時。有單面和雙面種類，搭配波浪型點線器一起使用。

波浪型點線器★
和布用複寫紙一起使用，齒輪為圓弧狀。

布剪★
用於裁剪布料的剪刀。裁剪布料之外的物品就會變鈍，因此請準備剪布專用的剪刀。

紙剪
使用在裁剪紙型等紙張、非布質鬆緊帶以及繩子。

線剪★
剪線專用剪刀。也使用在細部裁剪。

熨斗
校正布紋、燙平皺紋、整理形狀、摺疊、燙開縫份等，縫紉時不可欠缺熨斗。若每個步驟結束就熨燙整理，能呈現出截然不同的完成度。

縫紉機
家用縫紉機。建議選擇除了車縫直線，還具有可處理布端的Z字形車縫及鈕眼縫功能的類型。

針插★
可暫時收納正在使用的珠針或手縫針。

珠針★
使用於暫時將布料相互固定時。玻璃製珠針耐高溫，直接熨燙也不用擔心。

強力夾★
布料較厚或不想損傷布面時，可使用強力夾暫時固定。

錐子★
車縫時推送布料、或整理邊角時使用。

拆線器★
拆除縫線、開鈕眼時使用。

穿繩器★
夾住一頭穿鬆緊帶或繩子的工具。

車針與縫線

選擇適合布料的車針與縫線，才能夠車縫出完美的縫線。
數字越大的車針越粗，數字越小的車針越細。
數字越大的縫線越細，數字越小的縫線越粗。
依據素材的厚度選擇使用。

布料種類（參考用）	車針	縫線
薄布料 （平織細棉布・玻璃紗等）	9至11號	90號
普通布料 （棉布・亞麻布・尼龍布・薄丹寧布・薄羊毛布）	11至14號	60號
厚布料 （丹寧布・羊毛布・粗毛呢布）	14至16號	60至30號

選擇縫線顏色

基本上線條顏色都會配合布料，以避免太醒目，但並非絕對。
想要突顯壓線時，特地選擇較醒目或較粗的縫線，
作為設計重點也OK。

淺色布料
在布料上重疊縫線樣本，選擇最相近的顏色。當沒有相近顏色時，就選擇較淺的顏色，這樣縫線就不會太明顯。

深色布料
在布料上重疊縫線樣本，選擇最相近的顏色。當沒有相近顏色時，就選擇較深的顏色，這樣縫線就不會太明顯。

花紋布料
選擇圖案中最常出現的顏色。融入圖案之中縫線才不會太醒目。

關於縫份

縫份寬度和邊角部分，會隨著製作方法和素材而有所改變。
容易綻線或厚實素材的縫份需預留多些長度，弧度較大的部分則少抓一些縫份，諸如此類加以調整。
若有疑慮或不放心，就預留多一點縫份，事後再剪去多餘部分。

縫份寬度的參考基準

下襬、袖口等部位的二摺邊	2～4cm
下襬、袖口等部位的三摺邊	2～4cm
領邊、領圍等大弧度位置	0.7cm
其他（脇邊、袖下、肩、袖襱等）	1cm

縫份畫法

首先，線條（直線、曲線）的部分，使用方格尺，與完成線平行描繪。接下來再畫邊角的縫份。邊角縫份會依據車縫方法和縫份倒下方向的不同而改變，因此請參考下圖，考慮縫製順序再適當描繪。
※延長先車縫的一邊是基本。
※往上翻摺的邊角（袖口或下襬等）在摺疊側描繪延長線。

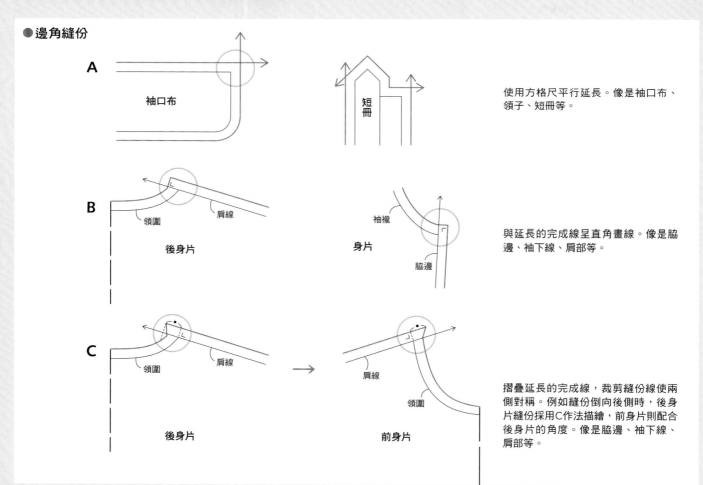

● 邊角縫份

A　袖口布　短冊
使用方格尺平行延長。像是袖口布、領子、短冊等。

B　領圍　肩線　後身片　袖襱　身片　脇邊
與延長的完成線呈直角畫線。像是脇邊、袖下線、肩部等。

C　領圍　肩線　後身片　肩線　領圍　前身片
摺疊延長的完成線，裁剪縫份線使兩側對稱。例如縫份倒向後側時，後身片縫份採用C作法描繪，前身片則配合後身片的角度。像是脇邊、袖下線、肩部等。

● **往上摺疊的邊角縫份**（以袖口為例）

二摺邊   三摺邊

袖子　袖下

袖口

摺疊 ✂

1. 延長描繪袖口完成線，裁剪紙型時在邊角周圍預留多一點範圍。

2. 摺疊完成線，沿袖下縫份線裁剪多餘部分。

3. 縫份完成。

同二摺邊作法，縫份三摺邊之後剪去多餘部分。

● **尖褶** ※褶襇作法相同。

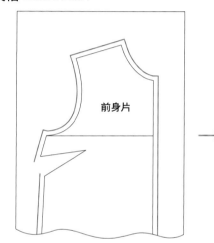 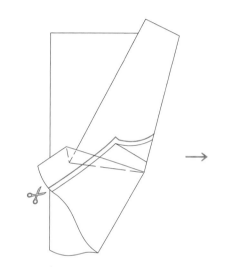 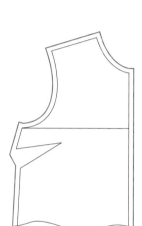

前身片

1. 描繪尖褶之外的縫份線。

2. 摺疊尖褶，裁剪縫份線。
※ 注意壓倒尖褶的方向。

3. 縫份完成。

繪製縫份前的注意事項

● **與摺雙交叉的線**

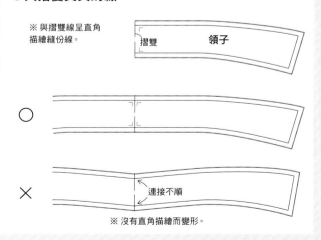

※ 與摺雙線呈直角描繪縫份線。

摺雙　　領子

○

×

連接不順

※ 沒有直角描繪而變形。

● **合印記號**

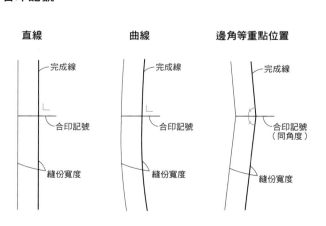

直線　　　　　　曲線　　　　　邊角等重點位置

完成線　　　　　完成線　　　　　完成線

合印記號　　　　合印記號　　　　合印記號（同角度）

縫份寬度　　　　縫份寬度　　　　縫份寬度

縫份處理方法

處理縫份的作法有許多種。依照素材、款式及設計選擇使用。

● 捨邊端車縫

在裁切的縫份上車縫防綻車線。

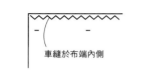

● Z字形車縫

以縫紉機收邊，防止布端脫線的作法。
※拷克是一面裁切布邊一面收邊。

車縫於布端內側

one point 薄布或易脫線布料進行Z字形車縫

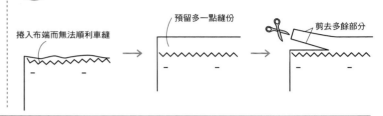

捲入布端而無法順利車縫 → 預留多一點縫份 → 剪去多餘部分

● 二摺邊

摺疊布端一次的車縫方式。適用於厚實布料下襬或袖口等位置。

（背面）

● 三摺邊

摺疊布端兩次的車縫方式。適用於厚實布料或不想呈現出重量感時。

（背面）

● 完全三摺邊

以布端相同寬度摺疊兩次的車縫方式。適用於可透光素材或不想讓縫份呈現出高低差時。

（背面）

● 燙開縫份

縫合布邊已預先處理好的兩塊布料時，讓縫份倒向兩側。

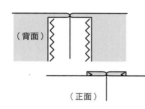

（背面）

（正面）

● 壓倒縫份

讓車縫完的縫份倒向其中一側。縫合後，縫份一起進行Z字形車縫（或是拷克）作收尾。

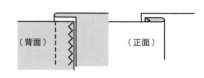

（背面）　　（正面）

● 包邊縫

是縫線牢固的縫法，適合襯衫或兒童服飾等經常洗滌的衣物。縫份被藏起，成品的背面也很漂亮。

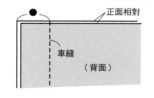

正面相對
車縫
（背面）

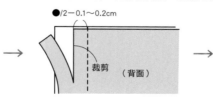

●/2－0.1～0.2cm
裁剪
（背面）

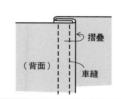

摺疊
（背面）
車縫

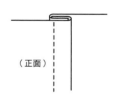

（正面）

● 雙邊摺縫

隱藏布端，能作出輕薄漂亮效果的處理方式。適用於易綻布料。

正面相對
車縫
（背面）

①燙開縫份
②摺疊
③車縫
（背面）

（正面）

● 袋縫

適用於易綻或輕薄布料的作法。雖然希望縫份窄一點時也會這樣作，但厚實的布料會亂跑，因此不適用。

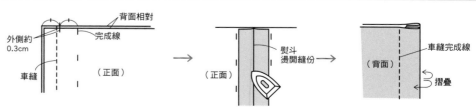

背面相對
外側約0.3cm
完成線
車縫
（正面）

熨斗燙開縫份
（正面）

車縫完成線
（背面）
摺疊

補正的方法

本書雖有記載尺寸7至15號，但每個人體型皆不同。
由於會有想要局部增加（或減少）尺寸的人，因此介紹一些簡單修正紙型的方法。

長度補正

●改變衣長-1

平行原下襬線，前後下襬以相同長度延長（或縮短）。增長時需連同中心線和脇線一起延長。

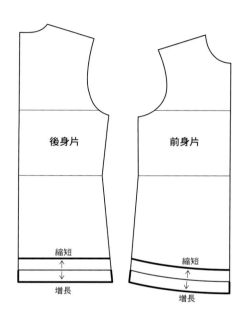

●改變衣長-2

在胸圍線與腰圍線的中間描繪引導線。平行引導線展開或摺疊，脇邊線需重新描順。

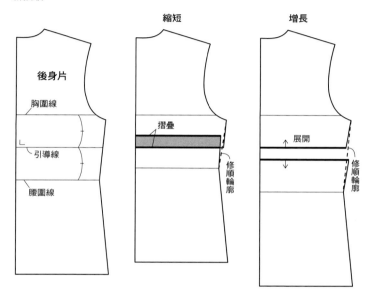

●改變袖長-1

平行加長（或縮減）袖口線。增長時，袖下線也需延長。如果朝袖口加寬（或變窄）的袖型，請注意也會改變袖口尺寸。需連同袖口布尺寸一起調整。

●改變袖長-2

在袖寬線和袖口線中心描繪引導線。同引導線平行增加（或減少）。袖下線需重新描順。

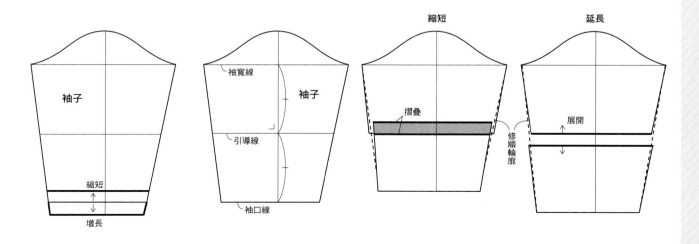

寬度修正

● 從脇邊改變寬度

身片：將想增加（或減少）尺寸的1/4（★）平行前後身片脇線加寬（或變窄）。與中心線垂直描繪袖下引導線（或垂直胸圍線），以平行移動脇線。調整下襬線且前後脇線尺寸需一致。整體最多增加4cm（★＝1cm）。

袖子：採身片以脇邊改變寬度的作法時，袖子也要修正為與身片相同尺寸。以想增加或減少尺寸的1/4（★）計算袖寬線，朝袖口方向重新繪製。調整袖口使前後袖下線尺寸相同。

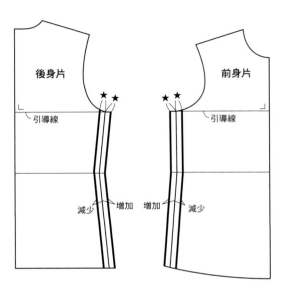

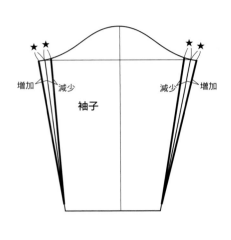

● 展開身片增加寬度

不想改變袖寬，只想變更身寬時的修正作法。身寬和肩寬尺寸同時增加（或減少）。
在身寬中心處描繪引導線，平行於引導線增加（或減少）後，重新修順肩線和下襬線。

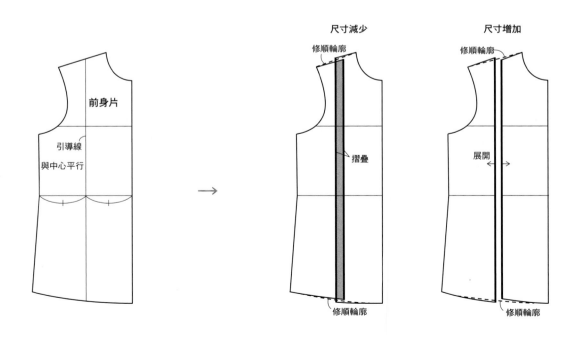

● 改變袖寬

身寬不變動,只改變袖寬的作法。
隨袖寬尺寸的增加(或減少),袖襱的尺寸也必須修正。
此外,袖口尺寸變化亦會影響袖口布,請多加注意。

袖:前後袖中心各自畫上引導線,同引導線平行增加(或
減少),最後袖山線和袖口線重新修順即可。

減少　　　　　　　　增加

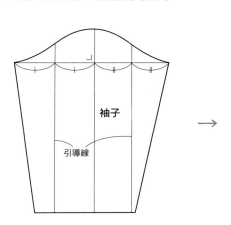

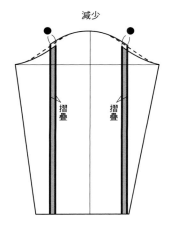

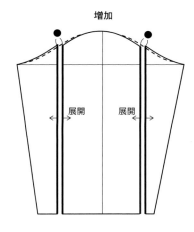

身片:袖襱中間處描繪引導線。同袖子修正尺寸沿引導
線平行增加(或減少),重新修順袖襱。

減少　　　　　　　　增加

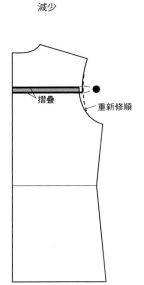

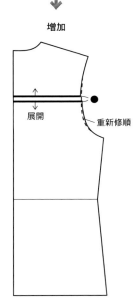

來製作洋裝吧！

決定設計之後，就以喜愛布料試作洋裝吧！

Front

Back

Sample 1

A字洋裝

A字（基本款）剪裁搭配上圓領、無袖的基本洋裝。
選擇適合單層樣式的中厚度棉布，以隱形拉鍊作後中心開口。

How to make P92

素材提供／生地問屋YAMATOMI（Compact 30s彈性華達呢／#18：CP30000）

●不同衣長之比較

增加（或減少）衣長就能改變氛圍，也增加了變化的可能性。以階段方式改變左頁基本款A字洋裝衣長。

標準　　　　　　　　中長　　　　　　　　長

WL

60cm　　　　　　　70cm　　　　　　　80cm

以9號裙長（WL至下襬60cm）為基準進行增減。衣長是身片長（BNP至WL）加上裙長。

BNP

後身片

WL（腰圍線）

極短（膝上長）　　　　40cm

短（膝上長）　　　　　50cm

基本・標準（及膝長）　60cm

中長（膝下長）　　　　70cm

長（膝下長）　　　　　80cm

及踝（腳踝長）　　　　90cm

Sample 2

交叉領洋裝

於腰圍剪接的交叉領搭配上燈籠袖。
打底的裡袖疊上另一片抽細褶的袖子，可維持蓬起的袖形。

How to make P94

素材提供／merci（Liberty印花布●日本產Airycotto布料／ Wiltshire／navy：3339009-J18C）

Sample 3

寬版剪裁洋裝

身片增加大量鬆份的設計。在略寬的圓領加上短冊開叉。
以小小鈕釦作重點裝飾。使用清爽的亞麻布製作，就會成為實用的夏裝。

How to make P96

素材提供／fabric bird（原創色彩亞麻布／ #107. lomond blue：952365）

Sample 4

翻領洋裝

高腰剪接的身片運用尖褶作出俐落感，再搭配朝向內側的大褶襉裙。
為了充分運用直條紋，因此將領片改為直線，以斜布紋裁布。

How to make P98

素材提供／宇仁纖維株式會社（泡泡紗彈性針織布／#95：KKF5280-58）

Sample 5

派內爾剪接洋裝

塑出腰線的派內爾剪接設計，不但輪廓具有女人味，同時還保有適度鬆份的舒適性。
以有華麗質感的粗毛呢製作，也很適合正式場合，並設計了內裡。

How to make P100

素材提供／宇仁纖維株式會社（混紡粗毛呢／#80：KKF7150）

Front

Back

Sample 6

細肩帶洋裝

可當成洋裝襯裙使用的細肩帶洋裝是百搭單品。

作出胸褶和後褶襉,從胸部至身體四周呈現俐落的輪廓。

建議使用滑順度高的材質。

How to make P103

Sewing Pattern Book II

Dress
洋裝

洋裝是指上衣與裙子連接的服飾，
以及上下連接處作剪接線的服飾。
在日本亦稱作one-piece dress，
英文則叫作「Dress」，
「one-piece」本身的意思是指泳衣或運動服等「連身服」。

接下來為了能自由地組合身片、袖子、領子，
因此將每個部位作變化延伸。
從基本款到腰圍塑型的女人味線條，
每款皆為講求舒適與美麗剪裁的設計。請隨心所欲地享受設計樂趣。

A字（基本款・傘狀荷葉款・寬襬傘狀荷葉款）

因肩部朝下襬擴散的形狀讓人聯想到英文字母A，故以「A字」命名。
能夠享受擴散分量增減變化的樂趣。

Front	Side	Back

基本款

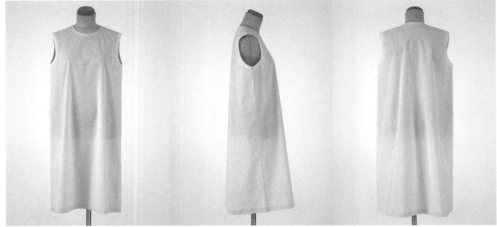

傘狀荷葉款

寬襬傘狀荷葉款

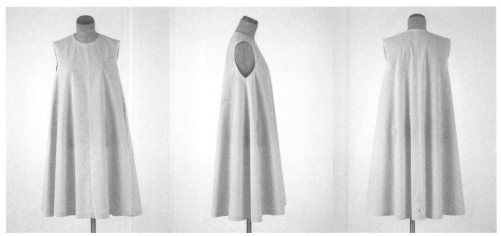

Pattern　※〇內數字為縫份，除指定處之外，縫份皆為1cm。

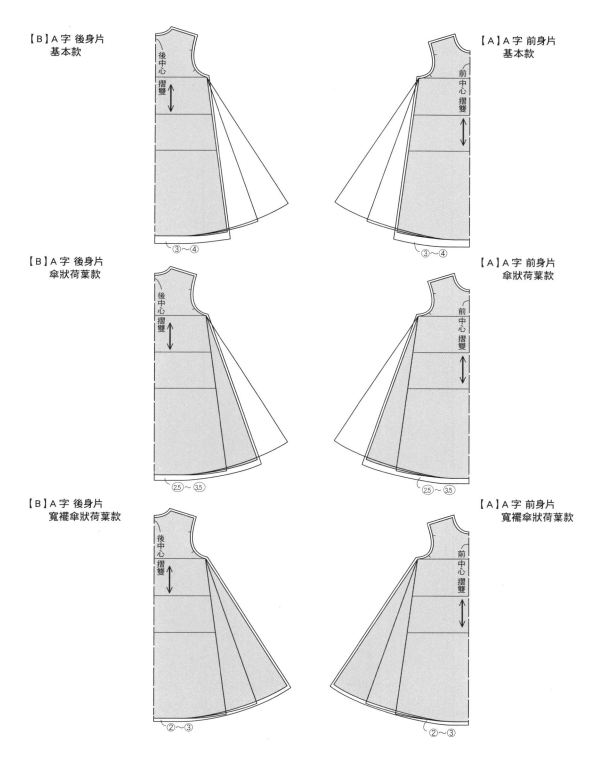

【B】A字 後身片
基本款

後中心摺雙

③～④

【A】A字 前身片
基本款

前中心摺雙

③～④

【B】A字 後身片
傘狀荷葉款

後中心摺雙

②.5～③.5

【A】A字 前身片
傘狀荷葉款

前中心摺雙

②.5～③.5

【B】A字 後身片
寬襬傘狀荷葉款

後中心摺雙

②～③

【A】A字 前身片
寬襬傘狀荷葉款

前中心摺雙

②～③

身片款式變化

腰褶

在前後身片作尖褶塑型腰圍的設計。
輪廓修長，並包含了適度鬆份。

Front	Side	Back

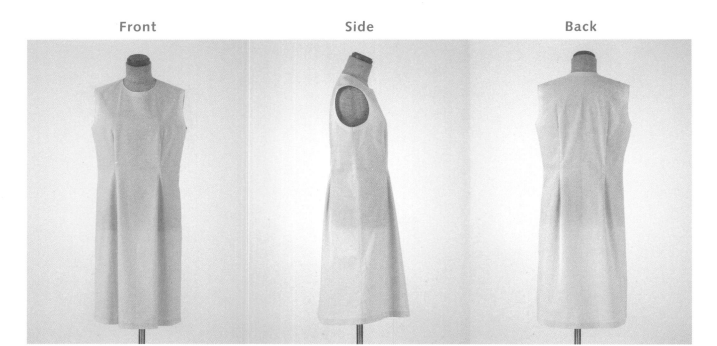

Pattern

 ※○內數字為縫份，除指定處之外，縫份皆為1cm。

【D】尖褶 後身片

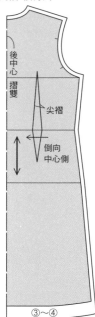

後中心
摺雙

尖褶

倒向
中心側

③～④

【C】尖褶 前身片

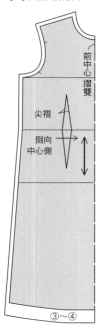

前中心
摺雙

尖褶

倒向
中心側

③～④

one point 尖褶車縫方法

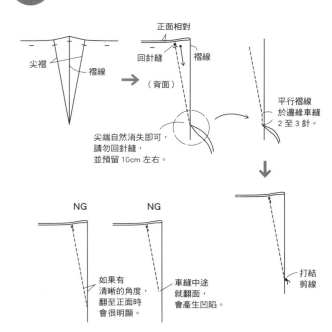

尖褶　　　褶線

正面相對

回針縫　　褶線

（背面）

尖端自然消失即可，
請勿回針縫，
並預留10cm左右。

平行褶線
於邊緣車縫
2至3針。

NG　　　NG

如果有
清晰的角度，
翻至正面時
會很明顯。

車縫中途
就翻面，
會產生凹陷。

打結
剪線

公主線（基本款）

從肩部到下襬作出直向剪接線的設計。
特色在於收縮腰圍使上半身貼合，並從腰圍到下襬呈現擴散狀的線條。

Front　　　　　Side　　　　　Back

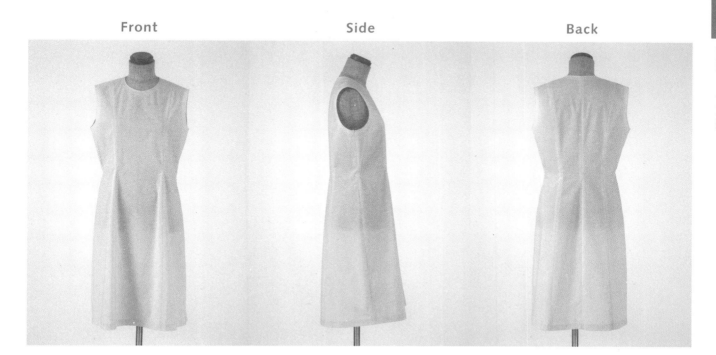

Pattern

※○內數字為縫份，除指定處之外，縫份皆為1cm。

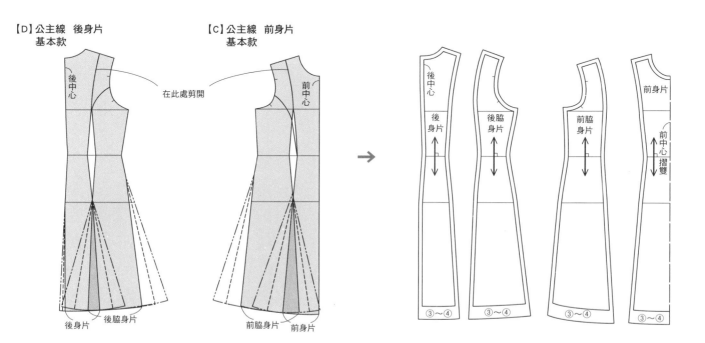

【D】公主線　後身片
基本款

【C】公主線　前身片
基本款

在此處剪開

後中心　前中心

後身片　後脇身片

前脇身片　前身片

後中心　後身片

後脇身片

前脇身片

前身片　前中心摺雙

③～④　④　③～④　③～④

公主線（傘狀荷葉款）

上半身維持P.29基本款，增加了傘狀荷葉的分量。
裙襬四周因擴散，呈現出具動態感的輪廓。

Front	Side	Back

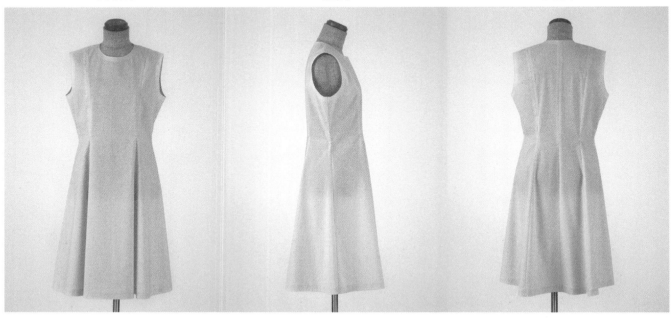

Pattern

※〇內數字為縫份，除指定處之外，縫份皆為1cm。

【D】公主線　後身片
　　傘狀荷葉款

【C】公主線　前身片
　　傘狀荷葉款

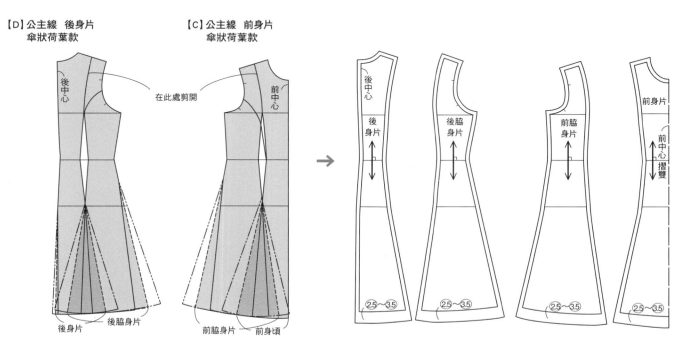

在此處剪開

後中心　　前中心

後身片　　後脇身片

前脇身片　　前身頃

後中心　後身片　後脇身片　前脇身片　前身片　前中心摺雙

2.5～3.5　2.5～3.5　2.5～3.5　2.5～3.5

公主線（寬襬傘狀荷葉款）

進一步增加P.30的傘狀荷葉，使裙子呈現大分量的設計。
追加的下襬寬度，請依照喜好變化。

Front	Side	Back

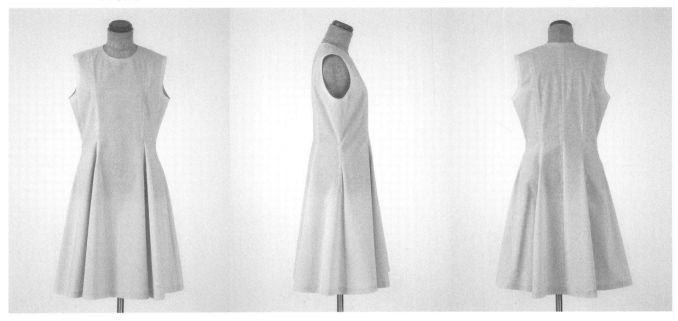

Pattern

※○內數字為縫份，除指定處之外，縫份皆為1cm。

【D】公主線　後身片
　　寬襬傘狀荷葉款

【C】公主線　前身片
　　寬襬傘狀荷葉款

在此處剪開

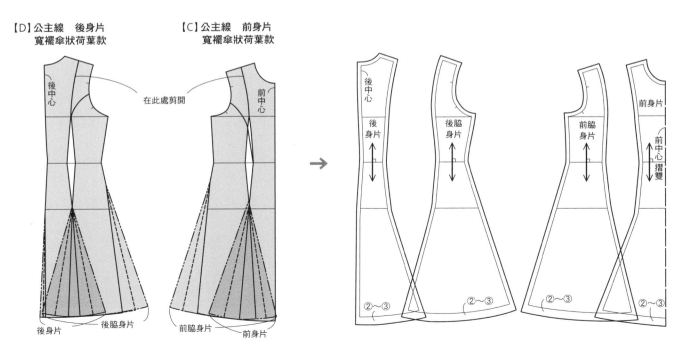

後身片　　後脇身片　　　前脇身片　　前身片

後中心　　後身片　　後脇身片　　前脇身片　　前身片　前中心摺雙

②～③

派內爾線（基本款）

從袖襱穿過胸圍，直向作出剪接線的設計。
與P.29至31公主線同為合身＆傘狀荷葉的代表性設計。

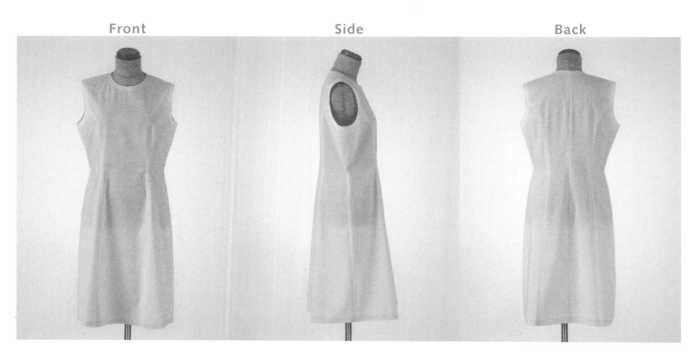

Front　　　Side　　　Back

Pattern

※〇內數字為縫份，除指定處之外，縫份皆為1cm。

【D】派內爾線　後身片
　　基本款

【C】派內爾線　前身片
　　基本款

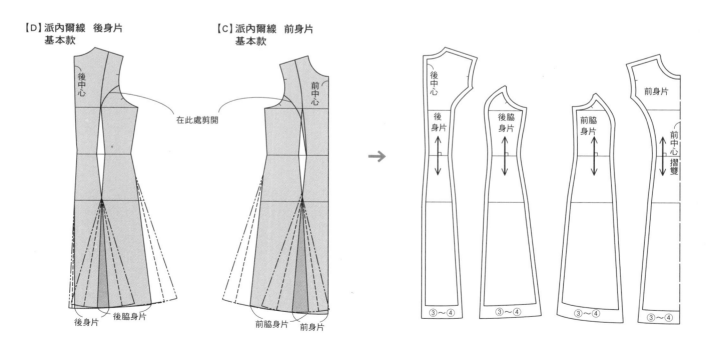

在此處剪開

後中心

前中心

後身片　後脇身片

前脇身片　前身片

後中心　後身片　後脇身片　前脇身片　前身片　前中心　前中心摺雙

③〜④　③〜④　③〜④　③〜④

身片款式變化
派內爾線（傘狀荷葉款）

上半身維持P.32基本款，增加了傘狀荷葉的分量。
呈現裙襬圍擴散的飄逸柔和印象。

Front	Side	Back

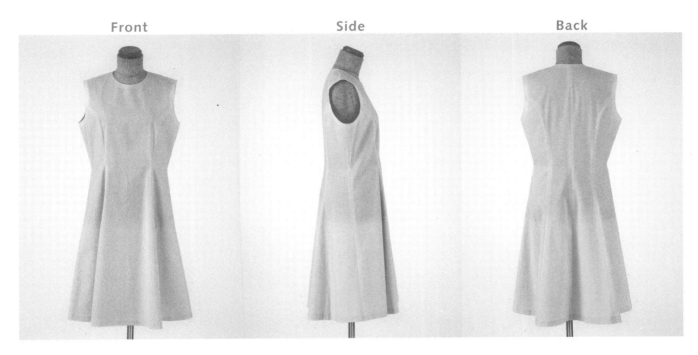

Pattern ※○內數字為縫份，除指定處之外，縫份皆為1cm。

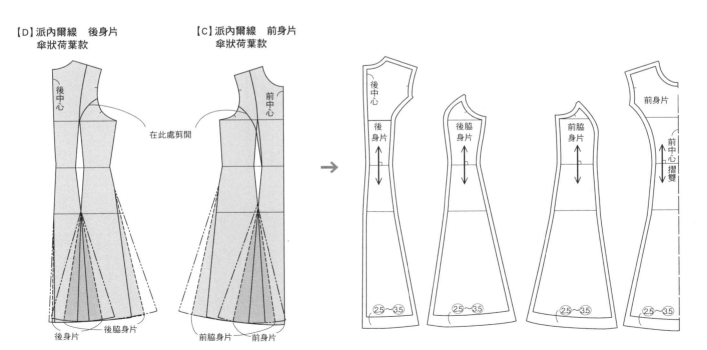

【D】派內爾線　後身片
　　傘狀荷葉款

【C】派內爾線　前身片
　　傘狀荷葉款

後中心

前中心

在此處剪開

後身片　　後脇身片

前脇身片　　前身片

後中心

後身片

後脇身片

前脇身片

前身片

前中心摺雙

②2.5～3.5

②2.5～3.5

②2.5～3.5

②2.5～3.5

派內爾線（寬襬傘狀荷葉款）

進一步增加P.33的傘狀荷葉，使裙子呈現大分量的設計。
追加的下襬寬度分量，請依照喜好作變化。

Front	Side	Back

Pattern

※○內數字為縫份，除指定處之外，縫份皆為1cm。

【D】派內爾線 後身片
寬襬傘狀荷葉款

【C】派內爾線 前身片
寬襬傘狀荷葉款

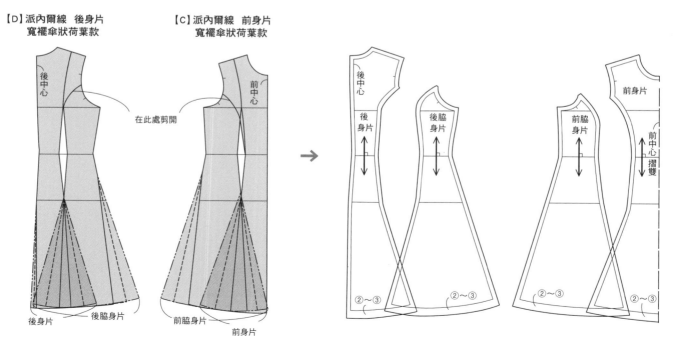

後中心

在此處剪開

前中心

後身片　　後脇身片

前脇身片　　前身片

後中心　後身片　後脇身片

前脇身片　前身片　前中心摺雙

②～③

高腰剪接（基本款）

在胸部與腰圍中間作剪接線，有加長腿部效果的設果。
作尖褶的身片搭配了傘狀荷葉裙。身片為共用，以裙子作造型變化。

Front	Side	Back

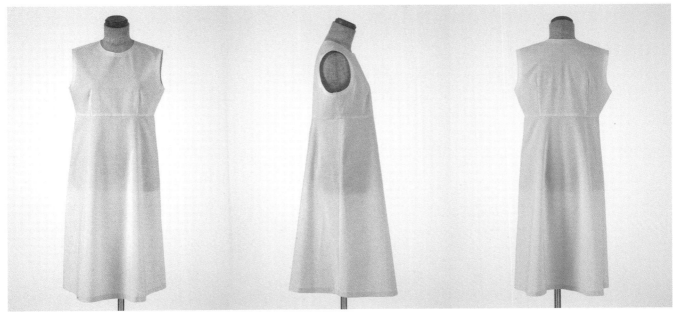

Pattern
※○內數字為縫份，除指定處之外，縫份皆為1cm。

【B】高腰剪接 後身片
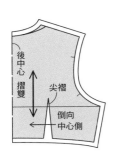

【B】高腰剪接 前身片

【F】後裙片 高腰
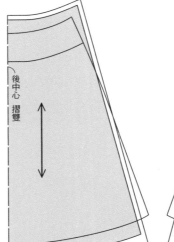

【F】前裙片 高腰
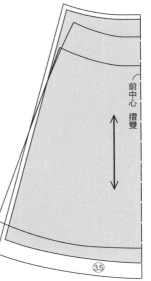

高腰剪接（細褶款）

將P.35的身片接合抽細褶的裙子。
裙子是以長方形的方框製圖，為了使下襬呈直線，因此修剪前裙片脇邊上方。

Front	Side	Back

Pattern

※○內數字為縫份，除指定處之外，縫份皆為1cm。
※從左至右或從上至下為 7 / 9 / 11 / 13 / 15 號尺寸。

【B】高腰剪接
後身片

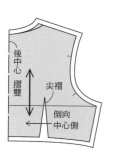

【B】高腰剪接
前身片

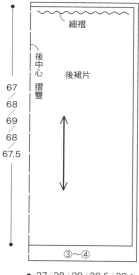

67
68
69
68
67.5

細褶
後裙片
後中心摺雙

③〜④

● 27 / 28 / 29 / 30.5 / 32 ●

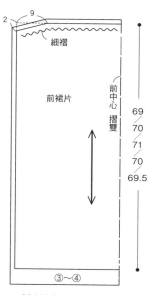

2   9

細褶
前裙片
前中心摺雙

69
70
71
70
69.5

③〜④

● 28 / 29 / 30 / 31.5 / 33 ●

高腰剪接（多量細褶款）

增加P.36的細褶，使裙子呈現大分量的設計。
細褶量約為2倍。

Front	Side	Back

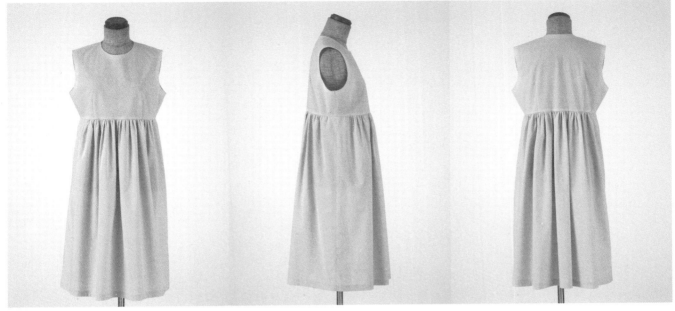

Pattern

※○內數字為縫份，除指定處之外，縫份皆為1cm。
※從左至右或從上至下為 7／9／11／13／15 號尺寸。
※前・後身片與 P.36 共通。

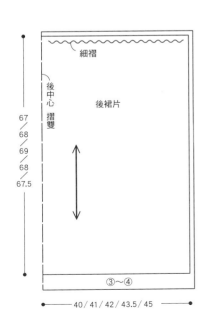

細褶

後中心 摺雙

後裙片

67／68／69／68／67.5

③〜④

40／41／42／43.5／45

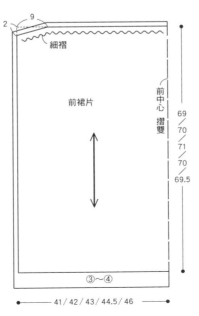

2　9

細褶

前裙片

前中心 摺雙

69／70／71／70／69.5

③〜④

41／42／43／44.5／46

one point 下襬處理

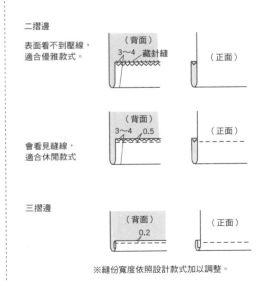

二摺邊

表面看不到壓線，
適合優雅款式。

（背面）
3〜4　藏針縫
（正面）

會看見縫線，
適合休閒款式

（背面）
3〜4　0.5
（正面）

三摺邊

（背面）
0.2
（正面）

※縫份寬度依照設計款式加以調整。

身片款式變化
高腰剪接（褶襉❶）

在前後裙片各作2道較深的褶襉，下襬稍微擴散的A字。
裙子褶襉倒向中心側，並對齊身片尖褶位置。

Front	Side	Back

Pattern

※○內數字為縫份，除指定處之外，縫份皆為1cm。
※從左至右或從上至下為 7 / 9 / 11 / 13 / 15 號尺寸。

【B】高腰剪接 後身片

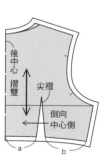

後中心 摺雙　尖褶
倒向 中心側
a　b

【B】高腰剪接 前身片

前中心 摺雙
倒向 中心側　尖褶
c　d

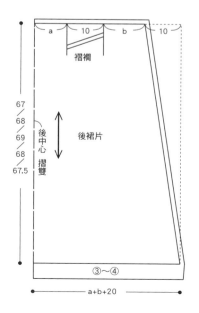

a　10　b　10
褶襉
67 / 68 / 69 / 68 / 67.5
後中心 摺雙
後裙片
③〜④
a+b+20

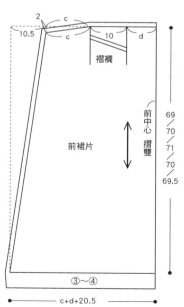

2　c
10.5　c　10　d
褶襉
69 / 70 / 71 / 70 / 69.5
前中心 摺雙
前裙片
③〜④
c+d+20.5

身片款式變化
高腰剪接（褶襇❷）

在前後裙片各作6道褶襇的設計。褶襇倒向中心側。
裙子以框形製圖，測量並計算出接合身片的長度。

Front	Side	Back

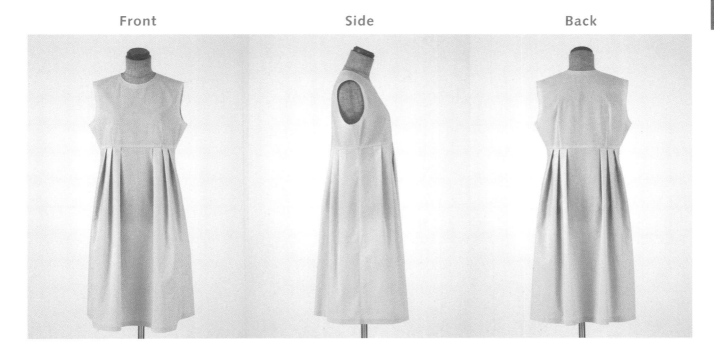

Pattern

※○內數字為縫份，除指定處之外，縫份皆為1cm。
※從左至右或從上至下為 7 / 9 / 11 / 13 / 15 號尺寸。
※前・後身片與 P.38 共通。

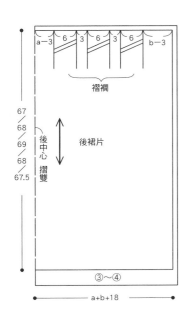

a－3　6　3　6　3　6　b－3

褶襇

67
／
68
／
69
／
68
／
67.5

後中心 摺雙

後裙片

③～④

a+b+18

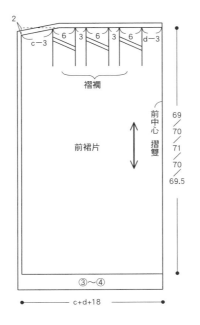

2

c－3　6　3　6　3　6　d－3

褶襇

前裙片

前中心 摺雙

69
／
70
／
71
／
70
／
69.5

③～④

c+d+18

one point

前裙片腰圍脇側

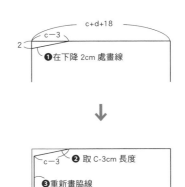

c+d+18
c－3
2

❶在下降 2cm 處畫線

c－3　❷取 C-3cm 長度

❸重新畫脇線

腰圍剪接(基本款)

在腰圍作剪接線的設計。將作了尖褶的身片搭配上傘狀荷葉裙。
身片版型共通,以裙子作造型變化。

Front	Side	Back

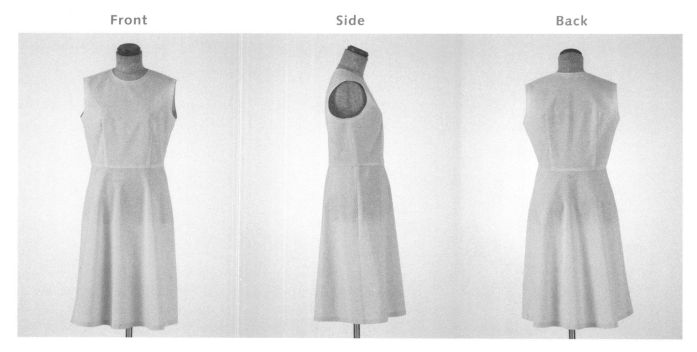

Pattern

※○內數字為縫份,除指定處之外,縫份皆為1cm。

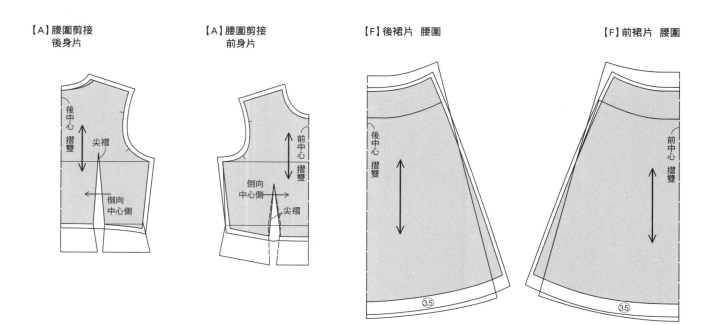

【A】腰圍剪接　後身片

【A】腰圍剪接　前身片

【F】後裙片　腰圍

【F】前裙片　腰圍

後中心　摺雙　尖褶　倒向中心側

前中心　摺雙　倒向中心側　尖褶

後中心　摺雙　③.5

前中心　摺雙　③.5

腰圍剪接（8片拼接款）

下襬周圍形成大量傘狀荷葉，具擴散性的輪廓。
藉由將裙子分成8片使布紋一致，均勻地呈現垂墜效果。

Front	Side	Back

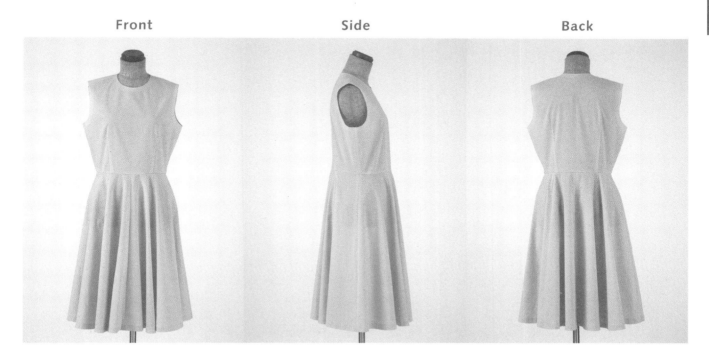

Pattern

※○內數字為縫份，除指定處之外，縫份皆為1cm。
※前・後身片與P.40共通。

【B】8片拼接　後裙片
【B】8片拼接　後脇裙片

【B】8片拼接　前裙片
【B】8片拼接　前脇裙片

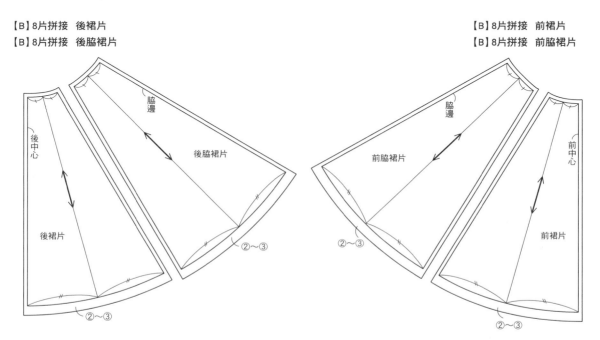

脇邊

後脇裙片

後中心

後裙片

②～③

②～③

脇邊

前脇裙片

前中心

前裙片

②～③

②～③

腰圍剪接（細褶款）

將P.40的身片接上了細褶裙。裙片以長方框形製圖製作。
細褶分量約1.5倍。

Front	Side	Back

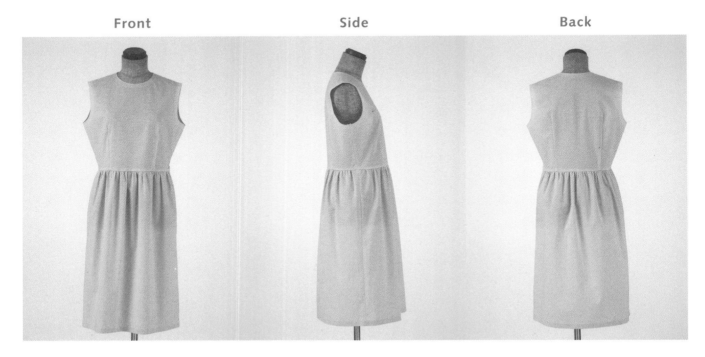

Pattern

※○內數字為縫份，除指定處之外，縫份皆為1cm。
※從左至右或從上至下為 7／9／11／13／15 號尺寸。

【A】腰圍剪接　　　　　【A】腰圍剪接
　　後身片　　　　　　　　前身片

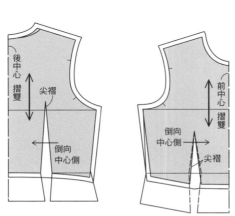

後中心　摺雙
尖褶
倒向中心側

前中心　摺雙
倒向中心側
尖褶

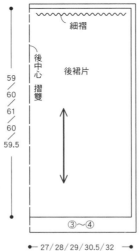

細褶
後中心　摺雙
後裙片

59／60／61／60／59.5

◄─ 27／28／29／30.5／32 ─►

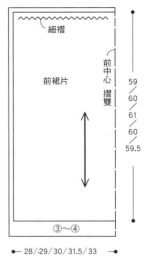

細褶
前裙片
前中心　摺雙

59／60／61／60／59.5

◄─ 28／29／30／31.5／33 ─►

腰圍剪接（多量細褶款）

增加P.42細褶，使裙子呈現大分量的設計。
細褶量約2.5倍，比P.37作出更多量細褶。

Front	Side	Back

Pattern

※○內數字為縫份，除指定處之外，縫份皆為1cm。
※從左至右或從上至下為 7 / 9 / 11 / 13 / 15 號尺寸。
※前・後身片與 P.42 共通。

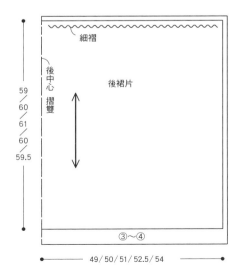

細褶

後中心 摺雙

後裙片

59 / 60 / 61 / 60 / 59.5

③～④

49 / 50 / 51 / 52.5 / 54

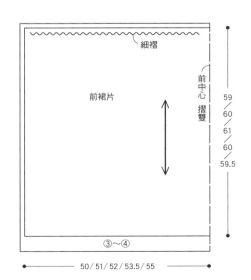

細褶

前裙片

前中心 摺雙

59 / 60 / 61 / 60 / 59.5

③～④

50 / 51 / 52 / 53.5 / 55

腰圍剪接（褶襉❶）

在前後裙片各作出2道深褶襉的設計。
裙片褶襉倒向脇側，與身片尖褶對齊。

Front	Side	Back

Pattern

※○內數字為縫份，除指定處之外，縫份皆為1cm。
※從左至右或從上至下為 7 / 9 / 11 / 13 / 15 號尺寸。

【A】腰圍剪接
後身片

【A】腰圍剪接
前身片

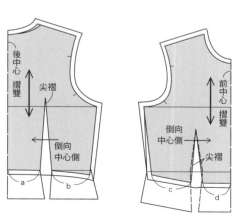

後中心
摺雙
尖褶
倒向
中心側
a　b

前中心
摺雙
倒向
中心側
尖褶
c　d

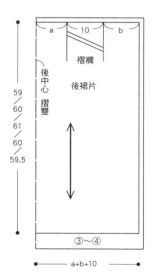

a　10　b
褶襉
後中心
摺雙
後裙片
59／60／61／60／59.5
③〜④
a+b+10

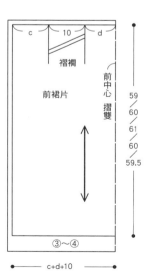

c　10　d
褶襉
前裙片
前中心
摺雙
59／60／61／60／59.5
③〜④
c+d+10

腰圍剪接（褶襉❷）

在前後裙片各作6道褶襉的設計。
褶襉倒向脇側。削減裙片腰圍側後中心，作出立體感。

Front	Side	Back

Pattern

※○內數字為縫份，除指定處之外，縫份皆為1cm。
※從左至右或從上至下為 7／9／11／13／15 號尺寸。
※前・後身片與 P.44 共通。

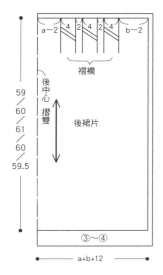

a−2　4　2　4　2　4　b−2

褶襉

後中心
摺雙

後裙片

59／60／61／60／59.5

③～④

a+b+12

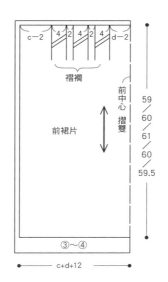

c−2　4　2　4　2　4　d−2

褶襉

前裙片

前中心
摺雙

59／60／61／60／59.5

③～④

c+d+12

one point

加強立體效果方法

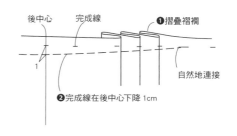

後中心　　完成線　　❶摺疊褶襉

自然地連接

1

❷完成線在後中心下降 1cm

低腰剪接（基本款）

在腰圍下降8cm的位置作剪接線。
作尖褶的身片接合了傘狀荷葉裙。身片為通用，以裙子作變化延伸。

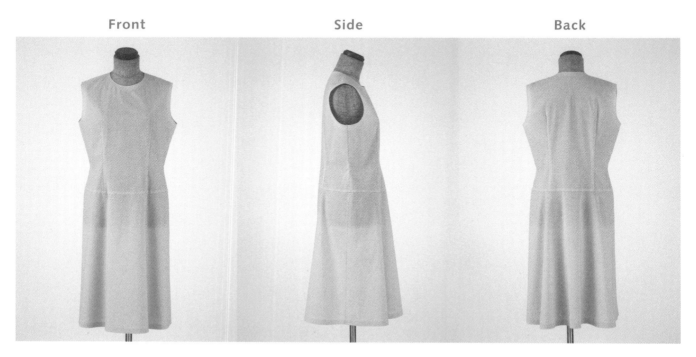

Front	Side	Back

Pattern

※○內數字為縫份，除指定處之外，縫份皆為1cm。

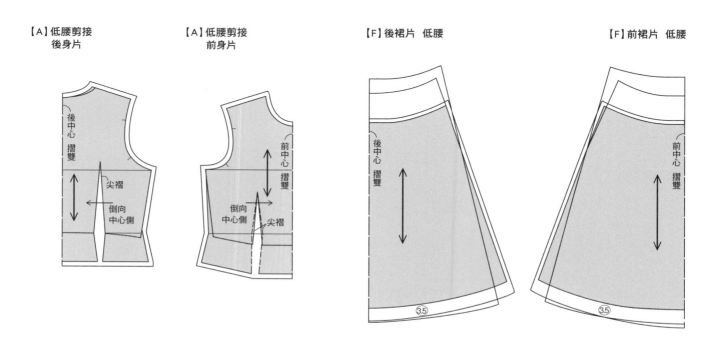

【A】低腰剪接　後身片　　【A】低腰剪接　前身片　　【F】後裙片　低腰　　【F】前裙片　低腰

後中心　摺雙　　尖褶　　倒向中心側

前中心　摺雙　　倒向中心側　　尖褶

後中心　摺雙　　③.5

前中心　摺雙　　③.5

低腰剪接（多量細褶款）

在裙片作2倍細褶的設計。
為了使下襬線呈直線，因此稍微上提脇邊，但格紋或條紋這類以圖案為主的情況，平行腰線亦可。

Front	Side	Back

Pattern

※○內數字為縫份，除指定處之外，縫份皆為1cm。
※從左至右或從上至下為 7 / 9 / 11 / 13 / 15 號尺寸。
※前‧後身片與 P.46 共通。

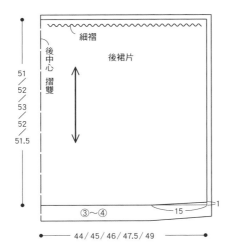

細褶

後裙片

後中心 摺雙

51 / 52 / 53 / 52 / 51.5

③～④   15   1

44 / 45 / 46 / 47.5 / 49

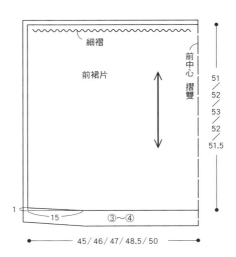

細褶

前裙片

前中心 摺雙

51 / 52 / 53 / 52 / 51.5

1   15   ③～④

45 / 46 / 47 / 48.5 / 50

身片款式變化
低腰剪接（褶襉❶）

在前後裙片中心作箱型褶襉，並於左右各排列2道同寬褶襉。
褶襉倒向中心側。

Front	Side	Back

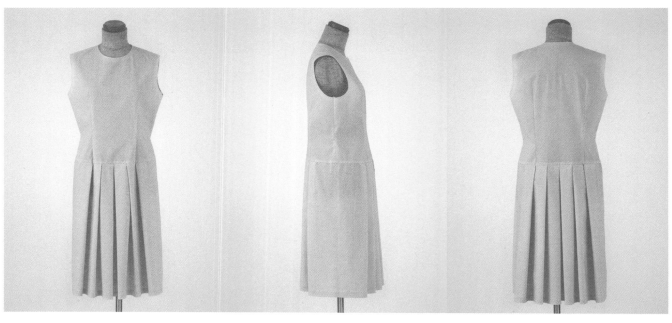

Pattern

※○內數字為縫份，除指定處之外，縫份皆為1cm。
※從左至右或從上至下為 7 / 9 / 11 / 13 / 15 號尺寸。

【A】低腰剪接　　　　【A】低腰剪接
　　後身片　　　　　　　前身片

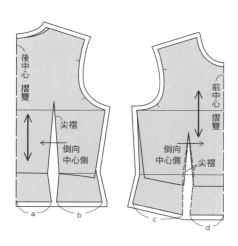

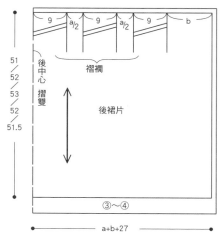

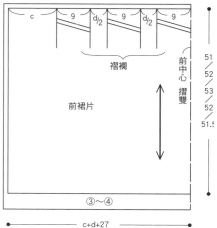

低腰剪接（褶襉❷）

裙子圍繞腰圍一圈，朝同一方向以同寬作出壓倒的褶襉。
由於分量多，因此在中間接合時，作在褶子後側以避免醒目。

Front	Side	Back

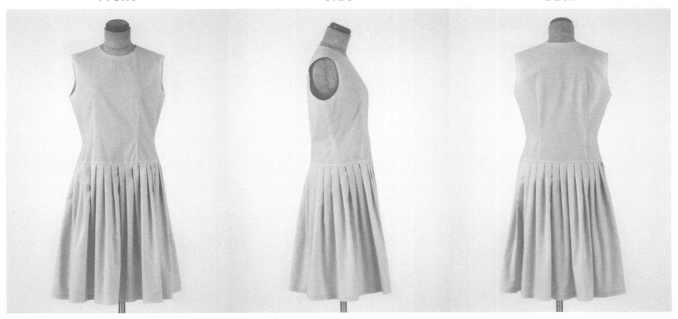

Pattern

※〇內數字為縫份，除指定處之外，縫份皆為1cm。
※從左至右或從上至下為 7／9／11／13／15 號尺寸。
※前・後身片與 P.48 共通。

one point 連接方法

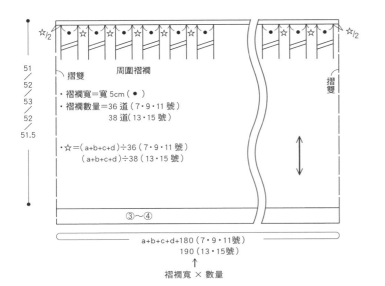

摺雙　　周圍褶襉　　　　　　　　摺雙

51／52／53／52／51.5

・褶襉寬＝寬 5cm（●）
・褶襉數量＝36 道（7・9・11 號）
　　　　　　38 道（13・15 號）

・☆＝（a+b+c+d）÷36（7・9・11 號）
　　　（a+b+c+d）÷38（13・15 號）

③～④

a+b+c+d+180（7・9・11號）
190（13・15號）
↑
褶襉寬 × 數量

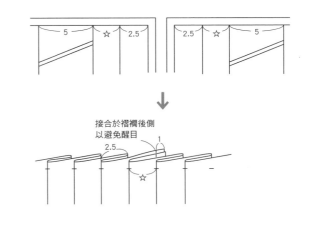

接合於褶襉後側
以避免醒目

身片款式變化

肩片剪接（細褶款）

是在肩部作剪接片的設計。在前後身片抽細褶。
削減脇邊腰圍處，呈現出俐落直線條。

Front	Side	Back

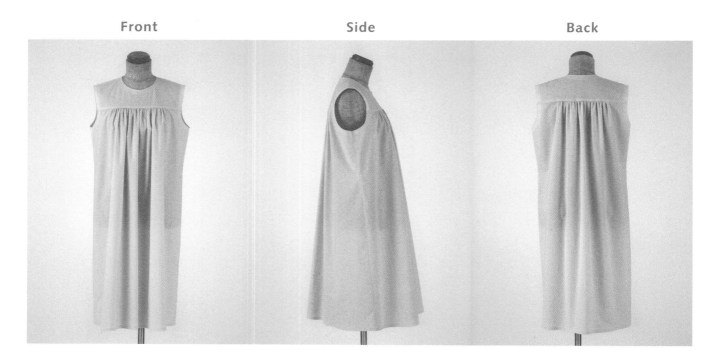

Pattern
※○內數字為縫份，除指定處之外，縫份皆為1cm。

【F】肩片剪接　後身片　　　　【F】肩片剪接　前身片

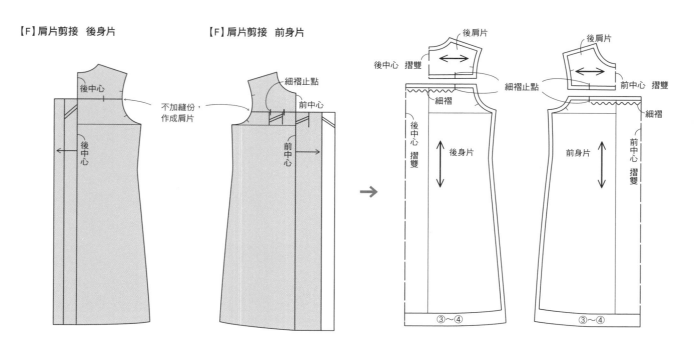

身片款式變化
肩片剪接（細針型褶襉）

肩片剪接的變化型，在前身片中心處作細針型褶襉。
前中心是將褶襉分量平行移動製作，後身片則是平坦的設計。

Front	Side	Back

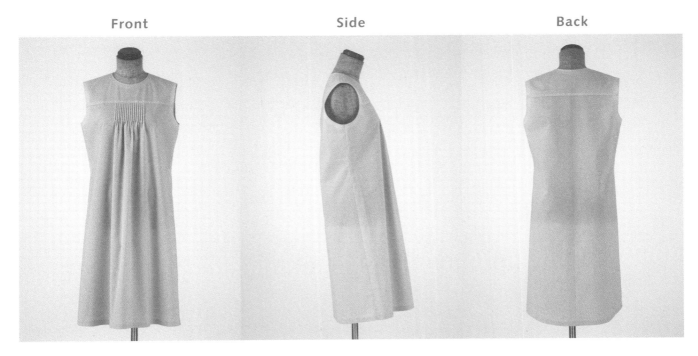

Pattern

※○內數字為縫份，除指定處之外，縫份皆為1cm。

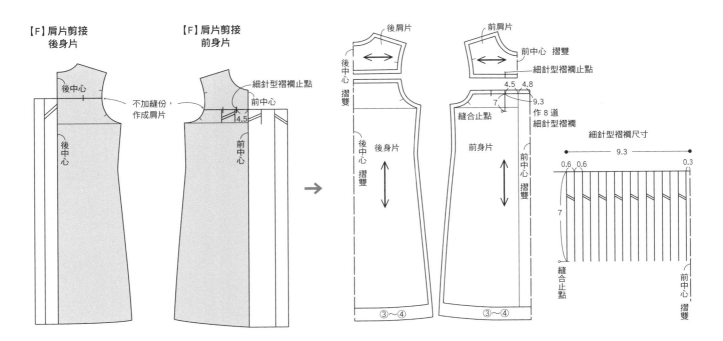

【F】肩片剪接　後身片

【F】肩片剪接　前身片

細針型褶襉止點

前中心

不加縫份，作成肩片

後中心

後中心

前中心

4.5

後肩片

前肩片

前中心　摺雙

細針型褶襉止點

後中心　摺雙

4.5　4.8

7

9.3

作8道細針型褶襉

縫合止點

後身片

後中心　摺雙

前身片

前中心　摺雙

③～④

③～④

細針型褶襉尺寸

9.3

0.6　0.6　　　　　　　　0.3

7

縫合止點

前中心　摺雙

肩片剪接（褶襉款）

肩片剪接的變化型，在前後身片作褶襉的設計。
請依照喜好，變化褶襉方向、寬度和數量。

Front	Side	Back

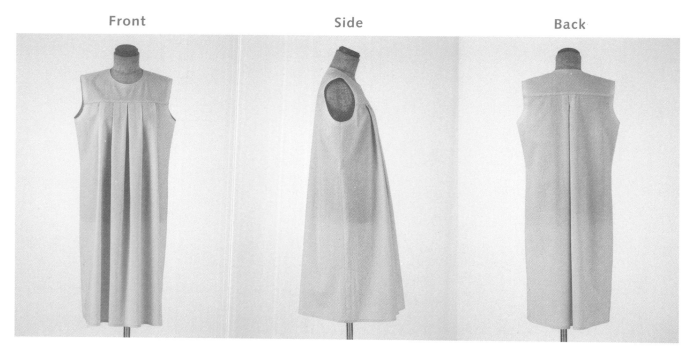

Pattern

※○內數字為縫份，除指定處之外，縫份皆為1cm。

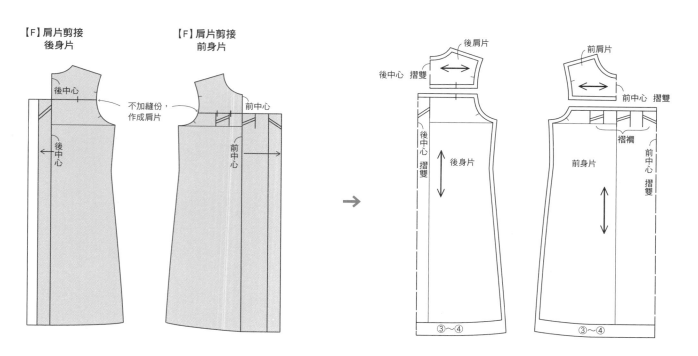

【F】肩片剪接
後身片

【F】肩片剪接
前身片

不加縫份，
作成肩片

前中心

後中心

後中心

前中心

後肩片

後中心　摺雙

前肩片

前中心　摺雙

後中心
摺雙

後身片

褶襉

前身片

前中心
摺雙

③～④

③～④

細褶

細褶是藉由縮縫布料，抽出細密褶子的立體成形技巧之一。

細褶縫法

1. 分別在底布和細褶布繪製合印記號。合印記號是均勻抽出細褶所需記號。

2. 車縫2條粗針目縫線（縫線長4.0mm左右）。起縫與終縫都不回針，保留10cm線頭。

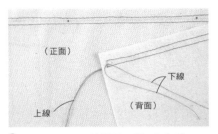

3. 為避免兩頭下線鬆開，2道一起打結。

one point **粗針目的車縫方法 · 2種** ※以縫份1cm作說明

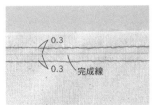

車縫完成線上下側
車縫完成線上下方，才能讓細褶以穩定狀態與底布縫合。下方車線會露出來，因此之後需要拆除。

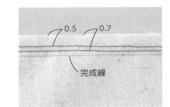

車縫於縫份內
由於車縫於縫份內，因此之後無需拆線。適合易殘留針孔的布料及薄布。在縫合時因細褶容易變成褶襴，因此需多加留意。

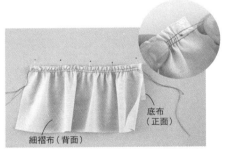

4. 2道上線一起抽拉細褶至指定長度。將細褶布和底布正面相對，在合印記號位置刺入珠針。

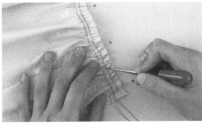

5. 記號之間以錐子調整，作出均勻的細褶。依照需要在其間刺入珠針。

6. 熨斗只熨燙於縫份使細褶定型。

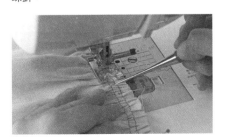

7. 一面以錐子壓住避免細褶位移，一面車縫完成線。

8. 車縫出均勻細褶了。

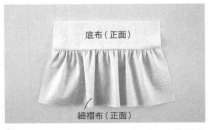

9. 此為縫份倒向底布側，翻到正面的樣子。拆除正面露出的粗針目車縫線。

交叉領 高腰剪接（基本款）

胸前如同和服般重疊的交叉領。
作成高腰剪接，在身片加入尖褶收縮，並接合傘狀荷葉裙。

Front	Side	Back

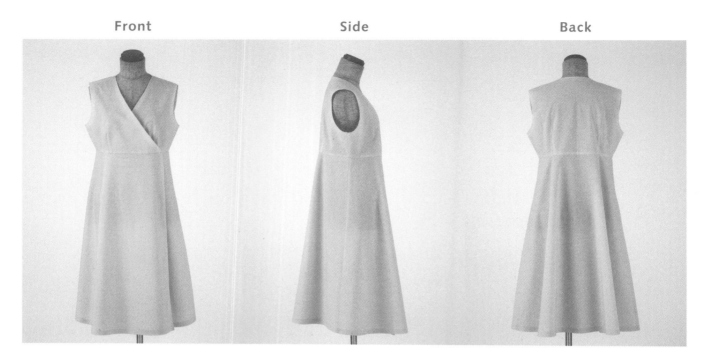

Pattern

※〇內數字為縫份，除指定處之外，縫份皆為1cm。

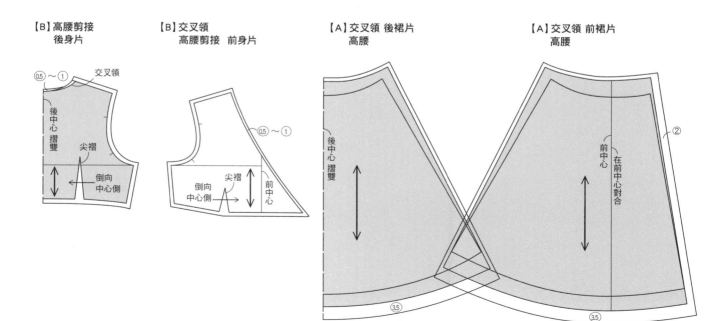

【B】高腰剪接
後身片

【B】交叉領
高腰剪接 前身片

【A】交叉領 後裙片
高腰

【A】交叉領 前裙片
高腰

身片款式變化
交叉領 高腰剪接（多量細褶款）

與P.54共通的身片接合多量細褶裙。
細褶分量和長度請依喜好增減。

Front	Side	Back

Pattern

※○內數字為縫份，除指定處之外，縫份皆為1cm。
※從左至右或從上至下為 7 / 9 / 11 / 13 / 15 號尺寸。
※前・後身片與 P.54 共通。

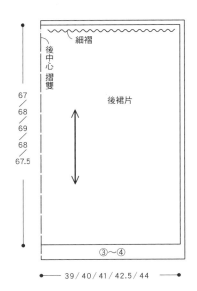

後中心摺雙
細褶
後裙片

67
/
68
/
69
/
68
/
67.5

③～④

39 / 40 / 41 / 42.5 / 44

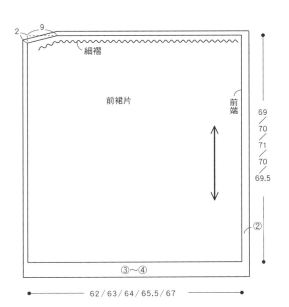

2   9
細褶
前裙片
前端

69
/
70
/
71
/
70
/
69.5

②

③～④

62 / 63 / 64 / 65.5 / 67

交叉領　腰圍剪接（基本款）

胸前如同和服般重疊形狀的交叉領。
作出腰圍剪接，在身片作尖褶收縮，並接合傘狀荷葉裙。

Front	Side	Back

Pattern

※○內數字為縫份，除指定處之外，縫份皆為1cm。

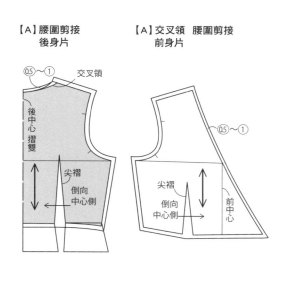

【A】腰圍剪接
　　後身片

交叉領
05～1
後中心摺雙
尖褶
倒向中心側

【A】交叉領　腰圍剪接
　　前身片

05～1
尖褶
倒向中心側
前中心

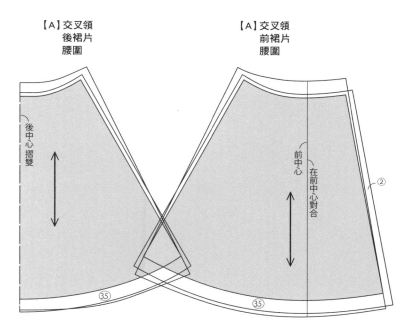

【A】交叉領
　　後裙片
　　腰圍

後中心摺雙
35

【A】交叉領
　　前裙片
　　腰圍

前中心
在前中心對合
2
35

交叉領 腰圍剪接（多量細褶款）

在與 P.56共通的身片接合多量細褶裙。
細褶分量和長度請依喜好增減。

Front	Side	Back

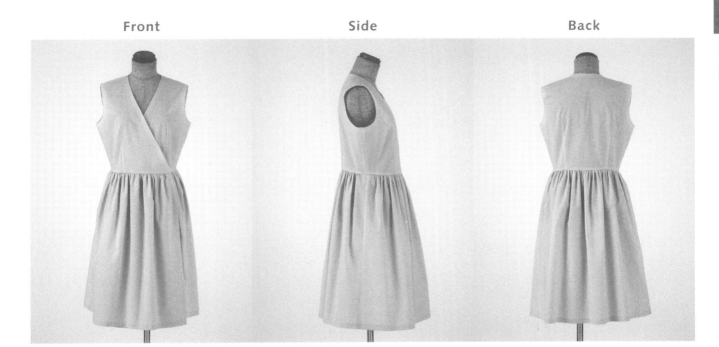

Pattern

※○內數字為縫份，除指定處之外，縫份皆為1cm。
※從左至右或從上至下為 7／9／11／13／15 號尺寸。
※前・後身片與 P.56 共通。

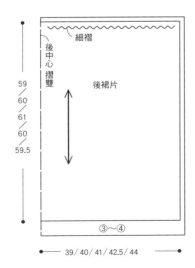

細褶

後中心摺雙

後裙片

59／60／61／60／59.5

③〜④

◀── 39／40／41／42.5／44 ──▶

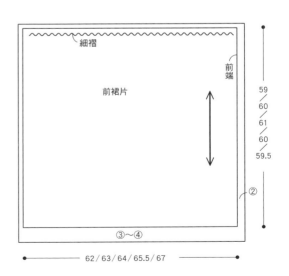

細褶

前裙片

前端

59／60／61／60／59.5

②

③〜④

◀── 62／63／64／65.5／67 ──▶

寬版剪裁（基本款）

休閒的衣型有自己的擁護者，和前面所介紹的身片分開，單獨進行變化延伸。
在此僅介紹身片。

Front	Side	Back

Pattern
※○內數字為縫份，除指定處之外，縫份皆為1cm。

【E】寬版剪裁 後身片 基本款

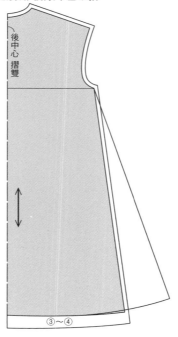

後中心 摺雙

③～④

【E】寬版剪裁 前身片 基本款

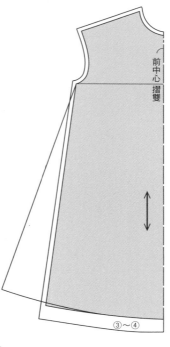

前中心 摺雙

③～④

寬版剪裁（傘狀荷葉款）

與P.58的身片相比，下襬周圍增量的傘狀荷葉剪裁。
請增減衣長享受變化的樂趣。

Front	Side	Back

Pattern

※○內數字為縫份，除指定處之外，縫份皆為1cm。

【E】寬版剪裁 後身片 傘狀荷葉款

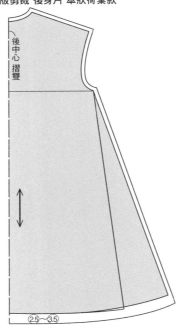

後中心
摺雙

②.5～③.5

【E】寬版剪裁 前身片 傘狀荷葉款

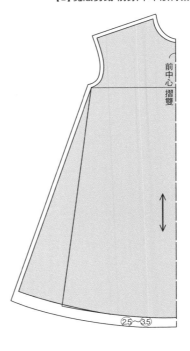

前中心
摺雙

②.5～③.5

基本袖款

最基本的筒狀袖，將長袖、五分袖、短袖、不接合袖子的無袖進行比較。
接下來要介紹的袖子，適用於P.58‧59寬版剪裁之外的所有袖襱。

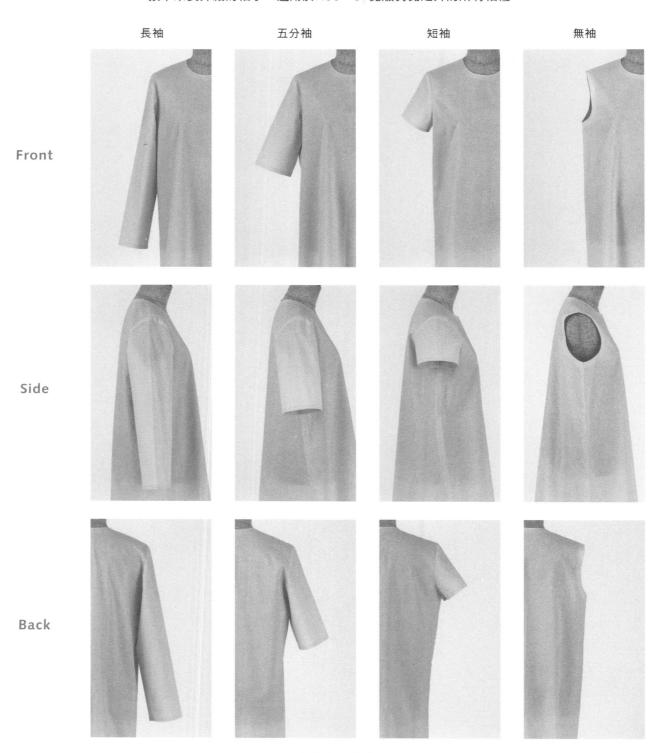

| | 長袖 | 五分袖 | 短袖 | 無袖 |

Front

Side

Back

Pattern

※○內數字為縫份，除指定處之外，縫份皆為1cm。
※在░░░的位置背面需貼上黏著襯。

〈無袖〉

【B】A字 後身片（基本款）　　後袖襱貼邊　　前袖襱貼邊　　【A】A字 前身片（基本款）

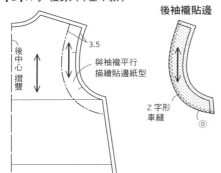
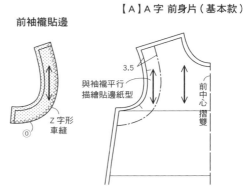

〈長袖・五分袖・短袖〉

【E】基本袖 長袖　　　　【E】基本袖 五分袖　　　　【E】基本袖 短袖

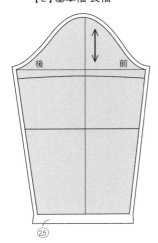
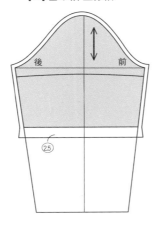

袖口細褶／袖山・袖口細褶

左邊是僅在袖口作細褶，右邊是在袖山和袖口作細褶。
袖口細褶右邊作得較多，但袖口布為共通。

Front	Side	Back	Front	Side	Back

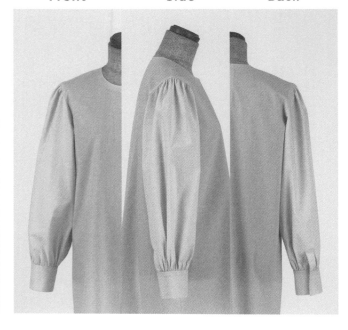

Pattern

※〇內數字為縫份，除指定處之外，縫份皆為1cm。
※在▨▨的位置背面需貼上黏著襯。
※袖口布・袖口貼邊為共通。

【D】長袖 袖口細褶

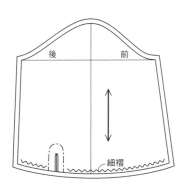

後　前

細褶

【D】長袖 袖山・袖口細褶

※身片袖襱的肩側（上側）合印記號
　為細褶止點位置

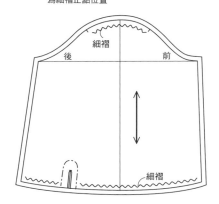

細褶

後　前

細褶

袖口貼邊

※從袖子繪製紙型

Z 字形車縫

⓪

袖口布　※從左至右為 7 / 9 / 11 / 13 / 15 號

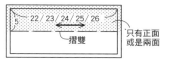

5　22 / 23 / 24 / 25 / 26

摺雙

只有正面
或是兩面

袖子款式變化・長袖
燈籠袖

宛如氣球般大大膨起的燈籠袖。
袖山平坦，在袖口作大量細褶使形狀膨起。

Front　　　　　　Side　　　　　　Back

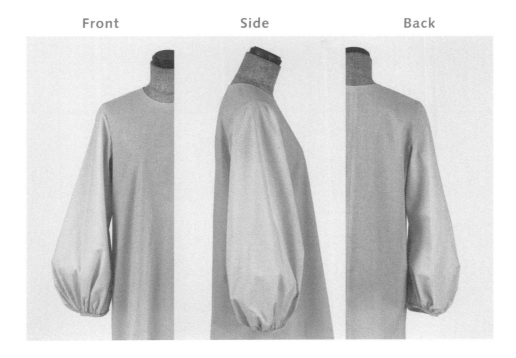

Pattern

※縫份皆為1cm。

【C】長袖 燈籠袖

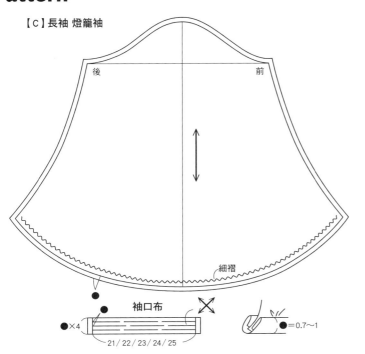

後　　　　　　前

細褶

●
●
●×4　袖口布
21 / 22 / 23 / 24 / 25

＝0.7～1

one point 關於袖口

使燈籠袖看起來更加膨脹的重點

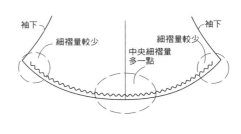

袖下　　　　　　　　　　袖下
細褶量較少　　細褶量較少
中央細褶量
多一點

〈側面的樣子〉

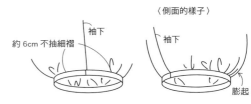

約 6cm 不抽細褶　袖下　　袖下

膨起

袖子款式變化・七分袖
傘狀荷葉

袖口大大地展開成傘狀荷葉袖款式。
想要飄逸的傘狀效果，必須使用具有垂墜感的素材。

Front	Side	Back

Pattern
※縫份皆為1cm。

【C】七分袖 傘狀荷葉

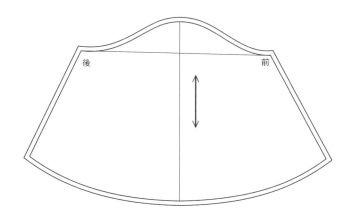
後　前

one point　袖口縫份製作方法

袖口因曲線弧度的關係，
縫份寬度盡量少一點。

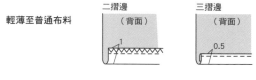

輕薄至普通布料

二摺邊（背面）　1

三摺邊（背面）　0.5

厚布

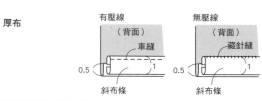

有壓線（背面）　車縫　1

無壓線（背面）　藏針縫　1

0.5　斜布條

0.5　斜布條

沒有縫份的處理方式

不易綻布或布邊不易脫線的素材可善用此方法。

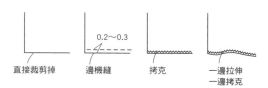

直接裁剪掉　　邊機縫　0.2～0.3　　拷克　　一邊拉伸
一邊拷克

袖子款式變化・七分袖
袖口鬆緊帶

同P.64傘狀荷葉袖紙型，袖口添加鬆緊帶的設計。
具有以不同縫製方式變化出其他設計的趣味性。

Front　　　　Side　　　　Back

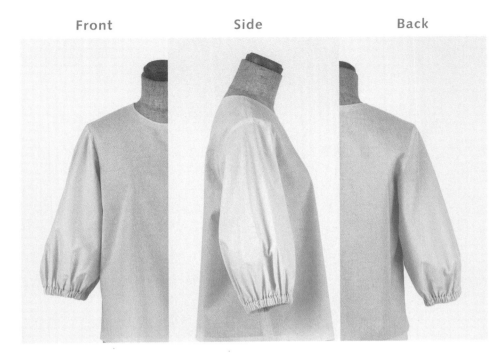

Pattern ※除袖口之外的縫份皆為 1cm。

【C】七分袖 袖口鬆緊帶

後　　　　　　前

鬆緊帶寬度＋0.5cm（鬆份）＋1cm（縫份）

one point　袖子製作方式

※使用寬 1.5cm 的鬆緊帶時。

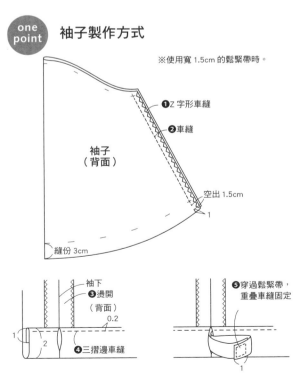

袖子
（背面）

❶Z 字形車縫
❷車縫
空出 1.5cm
1

縫份 3cm

袖下
❸燙開
（背面）
0.2
1
2
❹三摺邊車縫

❺穿過鬆緊帶，
重疊車縫固定
1

袖子款式變化・五分袖
袖口布

袖口比P.60基本5分袖更寬，仿袖口布貼邊設計。
以貼邊處理袖口之後，往上摺作出袖口布。

Front　　　　　Side　　　　　Back

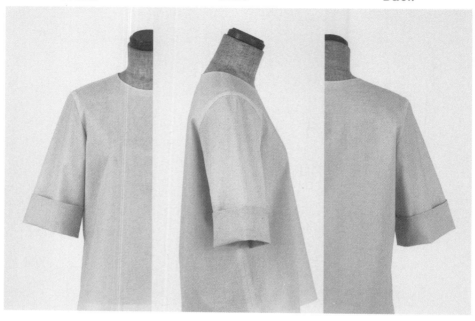

Pattern

※○內數字為縫份，除指定處之外，縫份皆為1cm。
※在▨▨的位置背面需貼上黏著襯。

【E】五分袖 袖口布

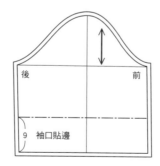

後　　　　　前

9　袖口貼邊

袖口貼邊
※從袖子繪製紙型。

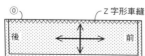

⓪　　　　　Z字形車縫

後　　　　　前

---

one point
袖口貼邊的縫合方式

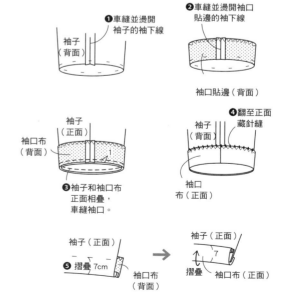

❶車縫並燙開袖子的袖下線
袖子（背面）

❷車縫並燙開袖口貼邊的袖下線
袖口貼邊（背面）

❸袖子和袖口布正面相疊，車縫袖口。
袖子（正面）
袖口布（背面）

❹翻至正面藏針縫
袖子（背面）
袖口布（正面）

❺摺疊7cm
袖子（正面）
袖口布（背面）
→
袖子（正面）
摺疊
袖口布（正面）

袖子款式變化・五分袖

燈籠袖

作法與P.63的燈籠袖不同。
是把燈籠狀表袖重疊在打底的裡袖上製作。

Front　　　　　Side　　　　　Back

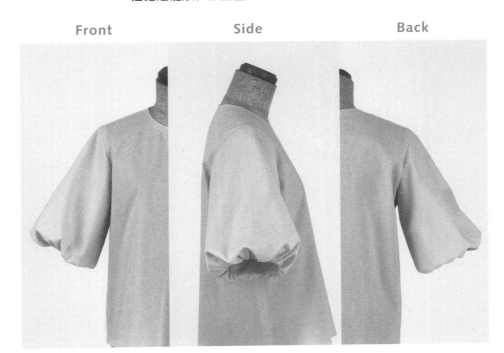

Pattern

※縫份皆為1cm。
※袖子作法參照P.95。

【B】五分袖 燈籠袖

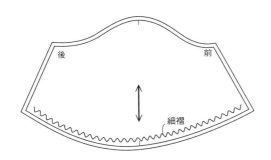

後　　　前

細褶

【E】基本袖 五分袖

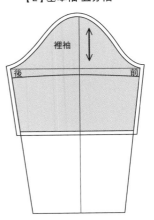

裡袖

後　　　前

鬱金香袖

像是花瓣重疊造型的袖子。
延伸2片重疊的袖山部分，袖下接合成為1片版型。

Front	Side	Back

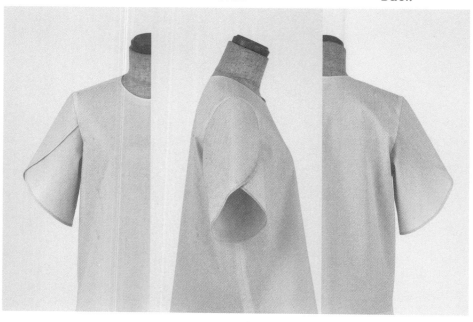

Pattern

【A】五分袖 鬱金香袖　　　※縫份皆為1cm。

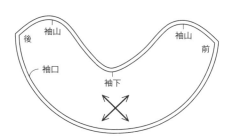

（圖示文字：後　袖山　袖山　前　袖口　袖下）

one point　袖子作法

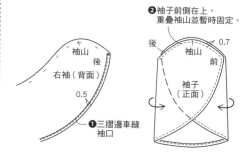

❶三摺邊車縫袖口

（圖示文字：袖山　後　右袖（背面）　0.5）

❷袖子前側在上，重疊袖山並暫時固定。

（圖示文字：後　袖山　前　0.7　袖子（正面））

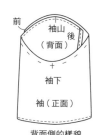

（圖示文字：前　袖山　後（背面）　袖下　袖（正面））

背面側的樣貌

袖口細褶款／袖山 · 袖口細褶

在袖口抽細褶的puff sleeve稱為燈籠袖。
右邊在袖山也抽細褶，袖口細褶分量比左邊更多。

Front	Side	Back	Front	Side	Back

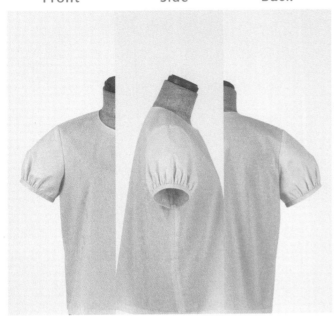
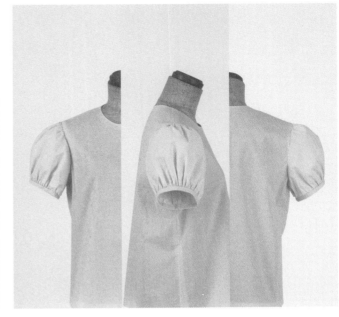

Pattern

※縫份皆為1cm。
※袖口布為共通。

【F】短袖 袖口細褶

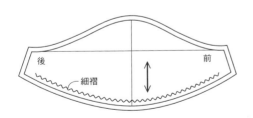

後　　前
細褶

【F】短袖 袖山 · 袖口細褶

※身片袖襱的肩側（上側）
　合印記號為細褶止點位置

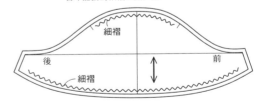

細褶
後　　前
細褶

袖口布

1
29／30／31／32／33
※由左至右為 7／9／11／13／15 號。

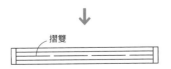

摺雙

袖口褶襉

延展袖口進行變化，在中央部分作褶襉的設計。
在背面車縫至中途，以固定褶襉。

Front	Side	Back

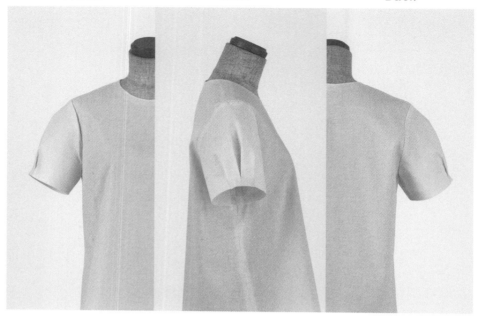

Pattern

※○內數字為縫份，除指定處之外，縫份皆為 1cm。

【F】短袖 袖口褶襉

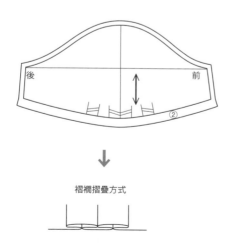

後　　　　前

②

↓

褶襉摺疊方式

---

one point 袖口製作方法

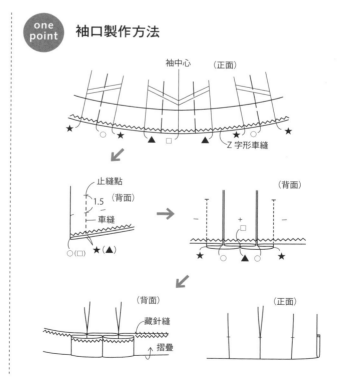

袖中心　　（正面）

★　○　★　▲　□　▲　★　○　★

Z 字形車縫

止縫點

1.5

（背面）

車縫

○（□）　★（▲）

（背面）

－　□　＋　－

★　○　▲　○　★

（背面）

藏針縫

摺疊

（正面）

袖子款式變化・短袖

袖山褶襉＋袖口布

在袖山作褶襉，袖口剪接為袖口布的設計。
亦可將褶襉作成細褶，或是進行改變袖口布寬度等變化。

Front　　　　　Side　　　　　Back

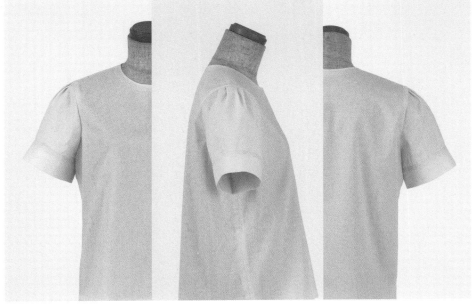

Pattern
※縫份皆為 1cm。
※在 ▨ 的位置背面需貼上黏著襯。

【F】短袖 袖山褶襉＋袖口布

褶襉摺疊方式

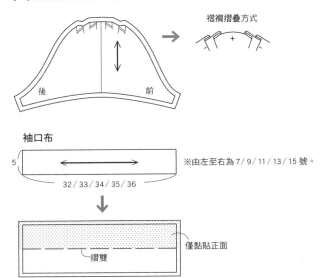

後　　前

袖口布

5

32 / 33 / 34 / 35 / 36

※由左至右為 7 / 9 / 11 / 13 / 15 號。

僅黏貼正面

摺雙

---

one point　袖口布接合方法

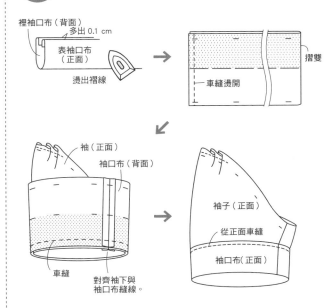

裡袖口布（背面）
多出 0.1 cm
表袖口布（正面）
燙出褶線

摺雙
車縫燙開

袖（正面）
袖口布（背面）
車縫
對齊袖下與袖口布縫線。

袖子（正面）
從正面車縫
袖口布（正面）

袖子款式變化・蓋袖
細褶

蓋袖是指比短袖更短，稍微遮住肩頭的袖款。
在袖山抽出大量細褶的可愛設計。

Front	Side	Back

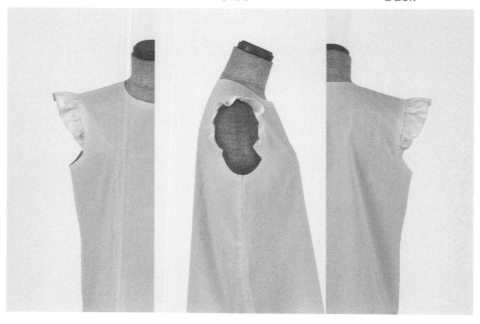

Pattern

※縫份皆為1cm。

【D】蓋袖 細褶
※身片袖襱的袖下側（下側）合印記號為袖子接縫止點。

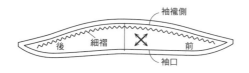

袖襱側
後　細褶　前
袖口

one
point　**袖襱處理方式**

貼邊處理

以斜布條處理

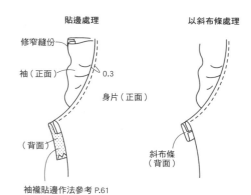

修窄縫份
袖（正面）
0.3
身片（正面）
（背面）

斜布條
（背面）

袖襱貼邊作法參考 P.61

袖子款式變化・蓋袖
傘狀荷葉

看起來如肩線延長的袖款。
斜布紋裁剪，穿著時服貼度良好。

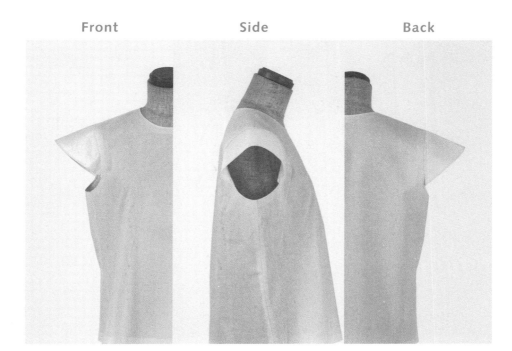

Front	Side	Back

Pattern

※縫份皆為 1cm。

【D】蓋袖 傘狀荷葉

※身片袖襱的袖下側（下側）合記號為袖子接縫止點。

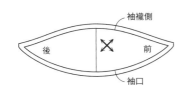

袖襱側 / 後 / X / 前 / 袖口

---

one point 袖口製作方式

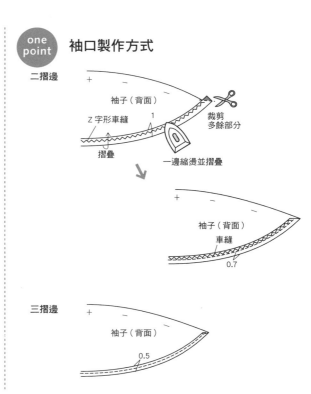

二摺邊

袖子（背面）
Z字形車縫
1
裁剪
多餘部分
摺疊
一邊縮燙並摺疊

袖子（背面）
車縫
0.7

三摺邊

袖子（背面）
0.5

褶襉

包覆肩膀的設計款式，無形中也有修飾讓人在意的手臂效果。

Front	Side	Back

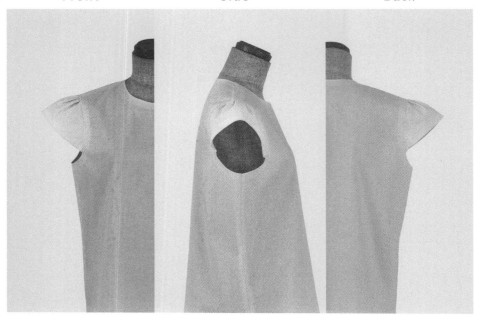

Pattern

※○內數字為縫份，除指定處之外，縫份皆為1cm。
※身片袖襱的袖下側(下側)合印記號為袖子接縫止點。

【D】蓋袖 褶襉

後　　前
②

褶襉摺疊方法

→

one point 袖子接合方法

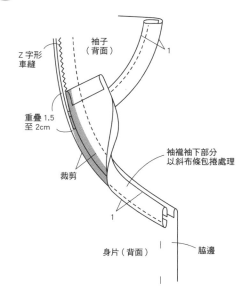

Z字形車縫

袖子（背面）

1

重疊1.5至2cm

裁剪

袖襱袖下部分以斜布條包捲處理

1

身片（背面）　脇邊

尖褶

尖褶是為了將平面布料立體化，抓布車縫的方式。

尖褶車縫方法

1. 在布料背面將尖褶位置作記號。

2. 將記號之間正面相疊，從布端側朝尖褶前端車縫。起縫點進行回針，終縫則無需回針，平行褶線邊緣車縫2至3針，自然消失。車線保留約10cm。

3. 將線頭打結，並剪去多餘部分。

4. 熨燙固定並壓倒尖褶褶線與縫線。熨燙時使尖褶前端呈現自然弧度。

---

 one point 錯誤範例

✕ **直線車縫至末端**

→

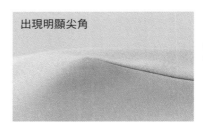

出現明顯尖角

若以明顯角度車縫至末端，尖褶前端會形成尖銳的角。

✕ **膨脹**

→

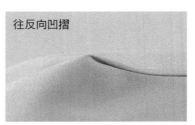

往反向凹摺

若以膨脹狀態車縫至末端，尖褶前端會往反向凹摺，形成凹陷。

✕ **車縫至途中**

→

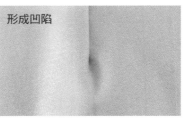

形成凹陷

若車縫至尖褶止點前停止，會形成像酒窩般的凹洞。亦不可於終縫處回針車縫。

圓領（基本款／較寬）

圓形開孔的領圍通稱為圓領。
特色是貼合頸部曲線的領圍，可自由改變深度進行延伸變化。

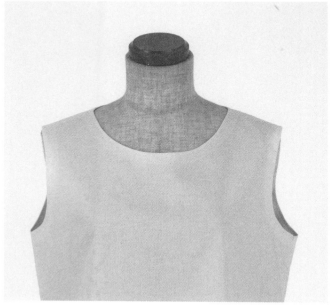

Pattern

※縫份皆為1cm。
※貼邊作法參照P.83。
※適度作出開叉。

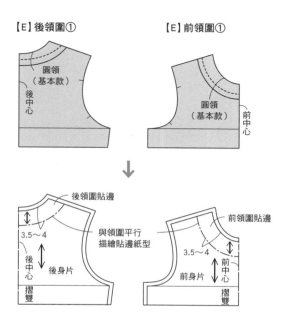
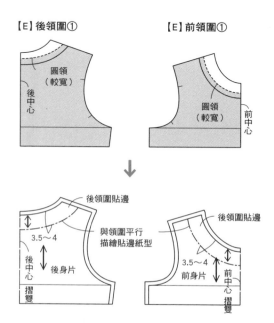

領圍款式變化
V 領

前領圍裁剪成V字的設計。
比圓領更強調直向線條，給人銳利的印象。

Pattern

※○內數字為縫份，除指定處之外，縫份皆為1cm。
※在▒▒的位置背面需貼上黏著襯。

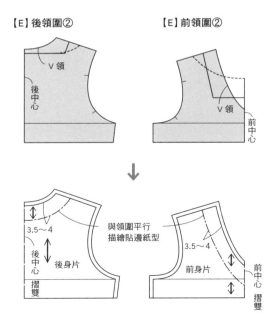

【E】後領圍②

V領

後中心

【E】前領圍②

V領

前中心

↓

3.5～4

後中心　後身片

摺雙

與領圍平行
描繪貼邊紙型

3.5～4

前身片　前中心

摺雙

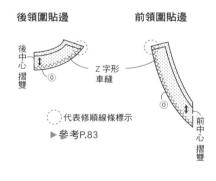

後領圍貼邊

後中心摺雙

⓪

前領圍貼邊

Z字形車縫

⓪

前中心摺雙

⸺ 代表修順線條標示
▶參考P.83

領圍款式變化
船領

往左右大幅加寬側頸點，寬且淺的設計。
也具有修飾鎖骨周圍的效果。

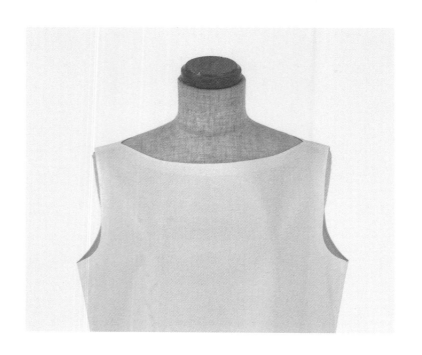

Pattern
※〇內數字為縫份，除指定處之外，縫份皆為1cm。
※在▨▨▨的位置背面需貼上黏著襯。

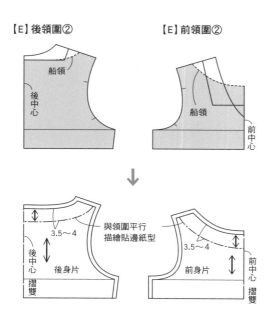

【E】後領圍② 【E】前領圍②

船領
後中心
前中心
船領

↓

3.5～4
與領圍平行
描繪貼邊紙型
後中心 後身片 摺雙
3.5～4
前身片 前中心 摺雙

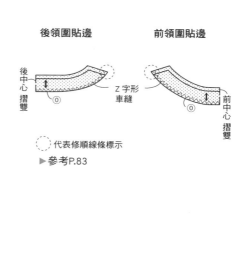

後領圍貼邊　　前領圍貼邊

後中心摺雙
⓪
Z字形車縫
⓪
前中心摺雙

⌒ 代表修順線條標示
▶參考P.83

領圍款式變化
方領

四角形挖空的領部線條。
以直線製作的尖銳領圍,可將臉部輪廓襯托的更加清晰。

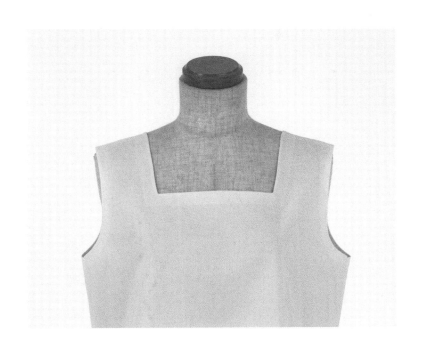

Pattern

※○內數字為縫份,除指定處之外,縫份皆為1cm。
※在▨▨的位置背面需貼上黏著襯。

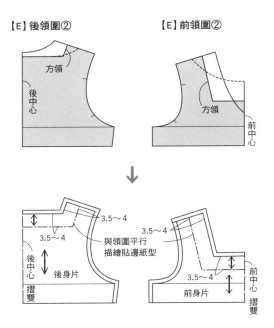

【E】後領圍② 【E】前領圍②

方領

後中心

方領

前中心

3.5～4
3.5～4

與領圍平行
描繪貼邊紙型

後中心
後身片
摺雙

3.5～4
3.5～4
前中心

前身片
摺雙

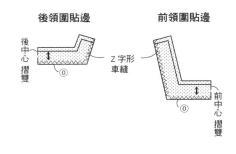

後領圍貼邊　　前領圍貼邊

後中心摺雙
⓪
Z字形車縫

前中心摺雙
⓪

領圍款式變化
貼邊開口

前中心剪牙口,並接縫貼邊的方法。
以P.76圓領(較寬)為例進行解說。開口深度可隨意決定。

Pattern

※○內數字為縫份,除指定處之外,縫份皆為1cm。
※在▨▨的位置背面需貼上黏著襯。
※後身片‧後領圍貼邊與P.76圓領(較寬)共通。

【E】前領圍①

圓領(較寬)

開口止點

7

↓

3.5～4   2.5

前身片

前中心摺雙

※前領圍貼邊
　需剪去前貼邊分量。

【E】前貼邊

圓領
(較寬)

前中心摺雙

0

前領圍貼邊

0

Z字形車縫

前貼邊

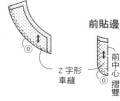

前中心摺雙

0

0

one point 貼邊與開口作法

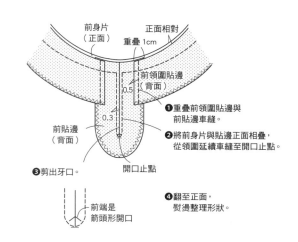

前身片
(正面)

正面相對

重疊1cm

前領圍貼邊
(背面)

0.5

0.3

前貼邊
(背面)

❶重疊前領圍貼邊與
　前貼邊車縫。

❷將前身片與貼邊正面相疊,
　從領圍延續車縫至開口止點。

❸剪出牙口。

開口止點

前端是
箭頭形開口

❹翻至正面,
　熨燙整理形狀。

領圍款式變化
滾邊＋蝴蝶結

以P.76圓領（基本款）領圍為例，用滾邊處理之後直接延伸作蝴蝶結的設計。
利用前中心接線作開口。

Pattern

※〇內數字為縫份，除指定處之外，縫份皆為1cm。

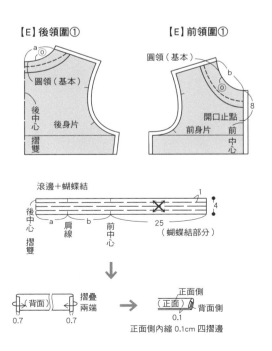

【E】後領圍①

a 〇
圓領（基本）
後中心
後身片
摺雙

【E】前領圍①

圓領（基本）
b
〇
8
開口止點
前身片　前中心

滾邊＋蝴蝶結

1
X 4
25
後中心摺雙　肩線 a　b　前中心　（蝴蝶結部分）

背面
0.7　0.7

摺疊兩端

正面側
（正面）
背面側
0.1
正面側內縮 0.1cm 四摺邊

---

one point

前開口與領圍作法

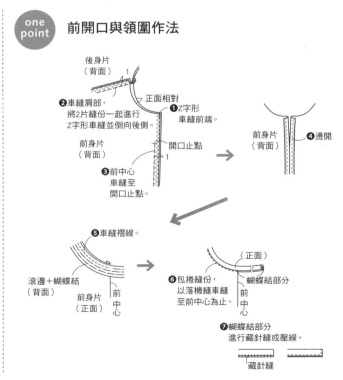

後身片
（背面）　1
正面相對
❷車縫肩部，
將2片縫份一起進行
Z字形車縫並倒向後側。
❶Z字形
車縫前端。
前身片
（背面）
開口止點
1
❸前中心
車縫至
開口止點。

前身片
（背面）
❹燙開

❺車縫褶線。

滾邊＋蝴蝶結
（背面）
前身片
（正面）
前中心

❻包捲縫份，
以落機縫車縫
至前中心為止。
（正面）
蝴蝶結部分
前中心

❼蝴蝶結部分
進行藏針縫或壓線。
藏針縫

短冊式開口

以P.76圓領（基本款）領圍為例，在前中心剪牙口製作短冊開口。
開口深度可任意決定。

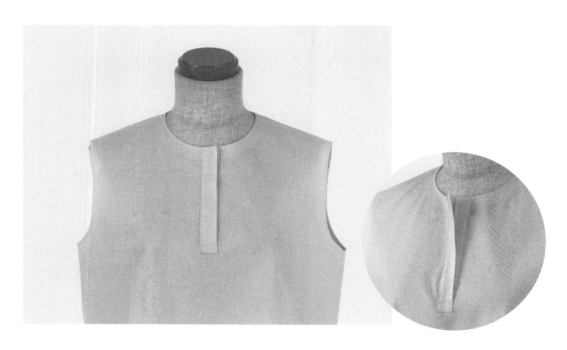

Pattern
※○內數字為縫份，除指定處之外，縫份皆為1cm。
※在 ▨ 的位置背面需貼上黏著襯。
※短冊作法參考P.96・97。

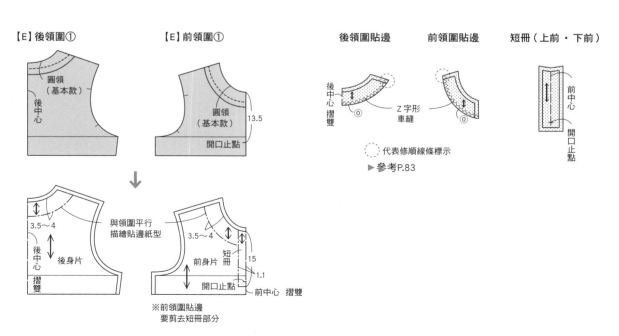

【E】後領圍①

圓領
（基本款）

後中心

【E】前領圍①

圓領
（基本款）

13.5

開口止點

後領圍貼邊

後中心摺雙

0

Z字形車縫

前領圍貼邊

0

短冊（上前・下前）

前中心

開口止點

代表修順線條標示
▶ 參考P.83

3.5～4

後中心

後身片

摺雙

與領圍平行描繪貼邊紙型

3.5～4

短冊

前身片

15

1.1

開口止點

前中心　摺雙

※前領圍貼邊
要剪去短冊部分

貼邊與斜布條處理方法

處理布端的方法，有貼邊、斜布條，或接縫領子、袖口布等多種方式。
在此要介紹貼邊的打版方式，以及使用斜布條處理的作法。

關於貼邊

使用貼邊處理就會固定形狀，因此多半用來處理曲線較大的領圍與袖襱。
並建議於貼邊黏貼黏著襯補強。

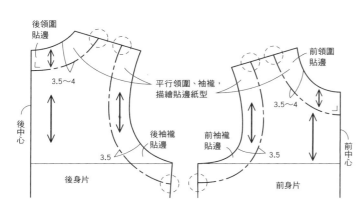

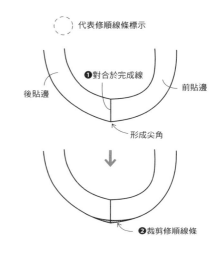

關於斜布條

斜布條是以45°布紋裁剪的細長布料，摺疊兩端形成帶狀的種類稱作斜布條。
適用於包捲處理布端以及作為剪接處鑲邊等各種用途。

● 斜布條處理

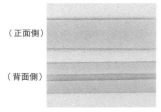

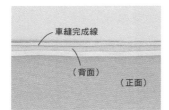

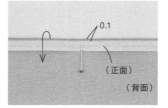

使用兩端往背面摺疊的「二摺式」斜布條。藏起布端同時倒向背面側車縫，因此從正面看不見斜布條。

1. 斜布條褶線對齊布料完成線，車縫完成線。

2. 以斜布條包捲布端，同時翻到正面，比完成線內縮約0.1cm左右。

3. 車縫於斜布條褶線邊緣。

● 滾邊處理

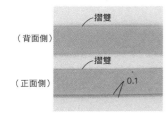

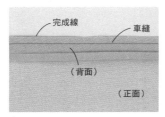

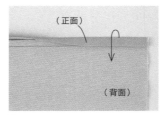

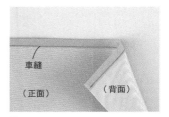

使用將二摺款式再次二摺邊的「滾邊」。正面內縮0.1cm。以滾邊包捲布端車縫，因此正面背面都看得見布條。

1. 布料與滾邊（窄邊）的布端對齊正面相疊，車縫於最外側褶線上。

2. 掀起滾邊倒向上側，翻至布料背面，以滾邊包捲布端。

3. 將布料翻至正面，從正面車縫於滾邊褶線邊緣或是進行落機縫。背面側的滾邊寬度較寬，因此縫紉機能夠順利車縫。

領片款式變化
襯衫領

自領圍立起，有領腰（領子高度）的襯衫領。
搭配P.76的圓領（基本款）領圍。

Front	Side	Back

Pattern

※縫份皆為1cm。
※在▨的位置背面需貼上黏著襯。
※適度作出開口。

【E】後領圍①

圓領（基本款）
後中心
摺雙

【E】前領圍①

圓領（基本款）
前中心
摺雙

【C】襯衫領

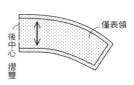

僅表領
後中心
摺雙

平貼領

平貼領是指無（低）領腰（領子高度）的平坦領片。
在此搭配P.78船領的領圍。

Front	Side	Back

Pattern

※縫份皆為1cm。
※在 ▦ 的位置背面需貼上黏著襯。

【E】後領圍②

船領

後中心
摺雙

【E】前領圍②

船領

前中心
摺雙

【C】平貼領

僅表領

後中心
摺雙

領片款式變化
翻領

翻領是指頸部四周宛如捲起般反摺的領子。
以斜布紋裁剪能讓褶線不產生邊角，柔軟翻摺。

Front	Side	Back

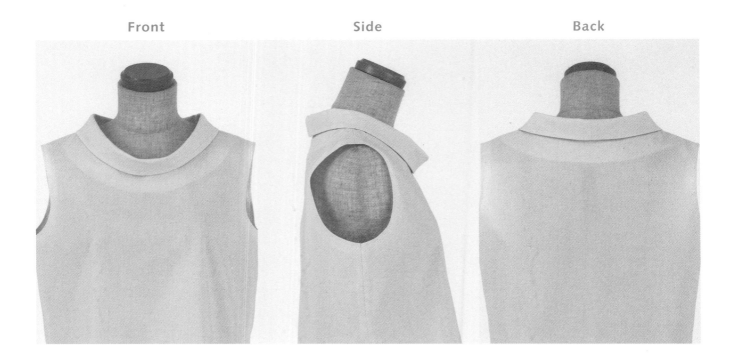

Pattern ※除指定處之外，縫份皆為1cm。

【E】後領圍①　　　【E】前領圍①　　　【C】翻領

鈕釦與釦眼

鈕釦兼具了功能性與點綴設計的裝飾性。

●釦眼大小

鈕釦直徑（a）
＋
鈕釦厚度（b）

●鈕釦

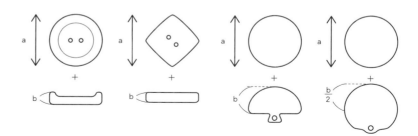

●釦眼與鈕釦縫製位置

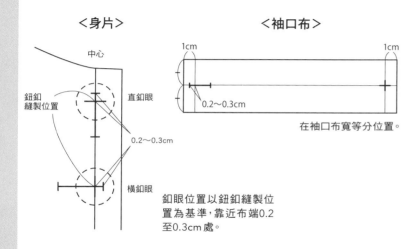

＜身片＞

中心

鈕釦
縫製位置

直釦眼

0.2～0.3cm

橫釦眼

＜袖口布＞

1cm　　　　　　　　　　　1cm

0.2～0.3cm

在袖口布寬等分位置。

釦眼位置以鈕釦縫製位
置為基準，靠近布端0.2
至0.3cm處。

one point　貼上黏著襯

在釦眼背面黏貼黏著襯，加以補強。若未黏貼黏著
襯就開釦眼，布料會縮皺而無法漂亮呈現。

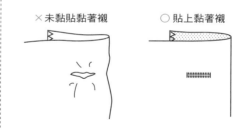

×未黏貼黏著襯　　　　　○貼上黏著襯

●釦眼製作方法

1. 將縫紉機設定為釦眼縫，從欲開釦眼的
位置邊緣開始車縫。

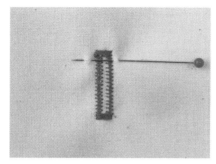

2. 釦眼車縫完成之後，一端插上珠針，避免
拆線器切過頭。

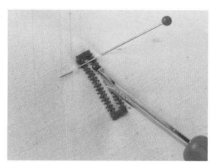

3. 拆線器戳進中央處，注意切割時勿損傷
縫線，另一側也以相同方式處理。

拉鍊

車縫拉鍊常讓人覺得麻煩而想要逃避，但只要按照步驟接合就沒問題。
在這裡要詳細解說常使用於洋裝的隱形拉鍊接合方式。

● **部位名稱**　在車縫隱形拉鍊之前，先介紹一般拉鍊的名稱。

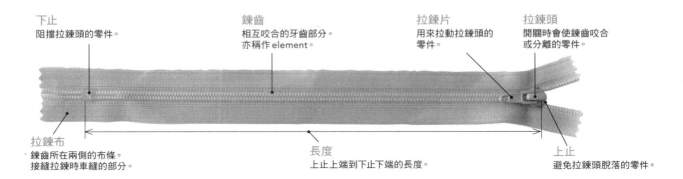

下止
阻擋拉鍊頭的零件。

鍊齒
相互咬合的牙齒部分。
亦稱作 element。

拉鍊片
用來拉動拉鍊頭的
零件。

拉鍊頭
開關時會使鍊齒咬合
或分離的零件。

拉鍊布
鍊齒所在兩側的布條。
接縫拉鍊時車縫的部分。

長度
上止上端到下止下端的長度。

上止
避免拉鍊頭脫落的零件。

● **隱形拉鍊的接縫方法**

隱形拉鏈是利用接縫線接合的拉鍊，鍊齒不會外露。
接合後不會影響設計，常使用在洋裝的拉鍊。

※ 開口止點＝★

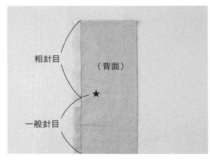

止伸襯布條（牽條）

（背面）

1.5～2

★

粗針目

（背面）

★

一般針目

★

1. 在縫份黏貼止伸襯布條（牽條）。位置是
到開口止點下方1.5cm至2cm。

2. 布料正面相疊，★以上用粗針目車縫，★
以下用一般針目車縫（回針縫）車縫。

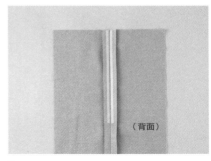

（背面）

3. 燙開縫份，貼上水溶性雙面膠襯。※若無
水溶性雙面膠襯，就在接下來4的步驟，假縫
於縫份固定。

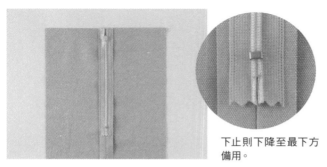

下止則下降至最下方
備用。

4. 拉鍊上止上端低於完成線0.5cm，對齊
拉鍊中心與布料縫線黏貼。

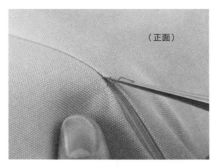

（正面）

5. 拆開粗針目車縫線（從上端至★）。

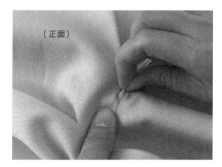

6. 將拉鍊片從開口止點縫線間隙拉到背面,並把拉鍊頭下降至下止。

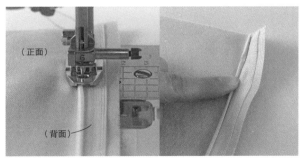
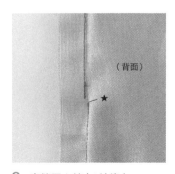
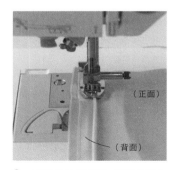

7. 將壓布腳換成隱形拉鍊壓布腳。布料翻至正面攤開縫份,並將鍊齒置入壓布腳左邊溝槽車縫。 使用隱形拉鍊壓布腳,可一面掀起鍊齒一面車縫邊緣。

8. 車縫至★前方1針停止。

9. 展開相反側縫份,將鍊齒置入壓布腳右側溝槽,車縫至★前方1針停止。

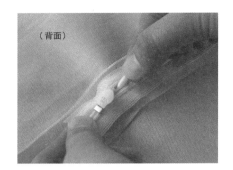
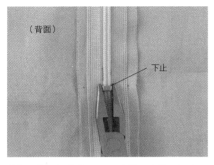

10. 將拉鍊頭往上拉。

11. 將下止移動至開口止點,以鉗子收合固定。

12. 隱形拉鍊縫製完成。

關於裡布

裡布的接合，會根據設計和素材大致分為以下3種：
1.接合身片和袖子（全裡）、2.僅接合於身片、3.僅接合於裙子（上下作剪接的設計）。
與表布同形，縮短下襬或袖口製作。

● **身片與袖子（全裡）**

裡布是將表布身片下襬縮短3cm，袖口縮短2cm。領圍製作貼邊時，則縮減貼邊分量。

●**僅身片**

裡布是將表布在身片下襬縮短3cm。領圍和袖襱作貼邊的設計，要縮減貼邊分量。

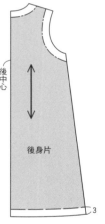

●**僅裙子**

裡布是將表布在裙子下襬縮短3cm。此外，細褶裙若抽細褶致使分量太多時，就自表布縮減寬度製作，或是將細褶更改為褶襇以減少厚度。

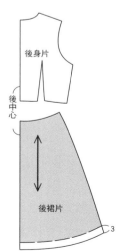
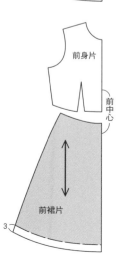

How to make

無特別指定的數字單位皆為cm。

製作頁面記載的裁布圖為最大尺寸15號。

其他尺寸或不同布寬時,需進行調整,

請在布料上放置紙型加以確認之後再行裁剪。

需對花或統一方向裁剪的布料,

請準備多於標示用量的材料。

原寸紙型僅標記基準線。

請依需要自行描繪貼邊等線條。

只有直線且裁布圖中有標記尺寸的部分,不附紙型。

請直接在布料上畫線裁剪。

A字洋裝…作品 P.18・19

原寸紙型
前身片…【A】A字　前身片（基本款）
後身片…【B】A字　後身片（基本款）
※領圍貼邊、袖襱貼邊依照身片繪製紙型（參考 P.83）　※中長版的衣長加長10cm，長版則加長20cm（參考P.15改變衣長-1）

材料
Compact 30s彈性華達呢…120cm寬×＜標準＞210/220/230/230/230cm
＜中長＞230/240/250/250/250cm
＜長＞250/260/270/270/270cm
黏著襯…30×60cm
止伸襯布條（牽條）…1.2cm寬×120cm
隱形拉鍊…56cm×1條

完成尺寸
衣長…＜標準＞95/97.5/100.5/100.5/100.5cm
　　　＜中長＞105/107.5/110.5/110.5/110.5cm
　　　＜長＞115/117.5/120.5/120.5/120.5cm
胸圍…92/96/100/105/110cm

※從左至右或從上至下為 7/9/11/13/15 號尺寸。

裁布圖

車縫順序
※參考裁布圖裁剪布料，指定位置貼上黏著襯與止伸襯布條（牽條），Z字形車縫處理。

摺雙

前領圍貼邊 1片
　3.5
後領圍貼邊 2片
　3.5
前袖襱貼邊 2片
後袖襱貼邊 2片

前身片 1片

＜長＞	＜中長＞	＜標準＞
250	230	210
260	240	220
270	250	230
270	250	230
270	250	230
cm	cm	cm

止伸襯布條（牽條）

開口止點
1.5

後身片 2片

51/52/53/53/53

120cm寬

※○內數字為縫份，縫份皆為1cm。
※在 ▨ 的位置背面需貼上黏著襯。
※在後中心黏貼止伸襯布條（牽條）
※ ∿∿ 是代表以Z字形車縫處理縫份。

前

2. 車縫身片、領圍貼邊的肩部
3. 以領圍貼邊處理領圍
4. 車縫袖襱貼邊的肩部，處理袖襱

後

1. 在後中心接縫拉鍊
5. 車縫脇邊
6. 下襬二摺邊後車縫

1. 在後中心接縫拉鍊

後身片（正面）

1.5cm車縫
粗針目車縫

後身片（背面）

❶後身片正面相疊，車縫後中心
※開口止點上方以粗針目車縫，下方以普通針目車縫。

開口止點

普通針目（回針縫）

後身片（背面）　後身片（背面）

❷燙開縫份。

後身片（正面）　後身片（正面）

❸車縫隱形拉鍊。（參考P.88・89）

2. 車縫身片、領圍貼邊的肩部

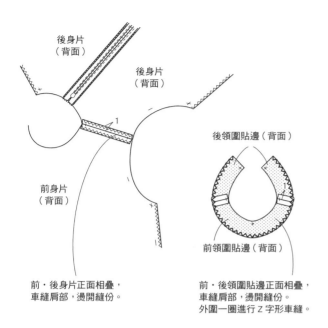

後身片
（背面）

後身片
（背面）

1

前身片
（背面）

後領圍貼邊（背面）

1

前領圍貼邊（背面）

前・後身片正面相疊，
車縫肩部，燙開縫份。

前・後領圍貼邊正面相疊，
車縫肩部，燙開縫份。
外圍一圈進行Z字形車縫。

3. 以領圍貼邊處理領圍

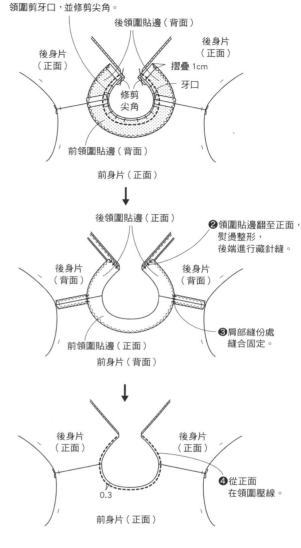

❶身片和貼邊正面相疊車縫，
領圍剪牙口，並修剪尖角。

後領圍貼邊（背面）

後身片
（正面）

後身片
（正面）

摺疊1cm

牙口

修剪
尖角

前領圍貼邊（背面）

前身片（正面）

↓

後領圍貼邊（正面）

❷領圍貼邊翻至正面，
熨燙整形，
後端進行藏針縫。

後身片
（背面）

後身片
（背面）

前領圍貼邊（正面）

❸肩部縫份處
縫合固定。

前身片（背面）

↓

後身片
（正面）

後身片
（正面）

0.3

❹從正面
在領圍壓線。

前身片（正面）

4. 車縫袖襱貼邊的肩部，處理袖襱

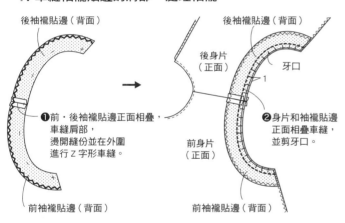

後袖襱貼邊（背面）

後袖襱貼邊（背面）

後身片
（正面）

牙口

1

❶前・後袖襱貼邊正面相疊，
車縫肩部，
燙開縫份並在外圍
進行Z字形車縫。

前身片
（正面）

前袖襱貼邊（背面）

❷身片和袖襱貼邊
正面相疊車縫，
並剪牙口。

前袖襱貼邊（背面）

5. 車縫脇邊

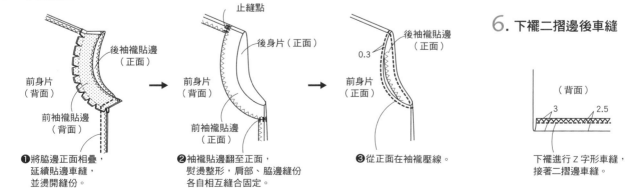

後袖襱貼邊
（正面）

前身片
（背面）

前袖襱貼邊
（背面）

❶將脇邊正面相疊，
延續貼邊車縫，
並燙開縫份。

止縫點

後身片（正面）

前身片
（背面）

前袖襱貼邊
（正面）

❷袖襱貼邊翻至正面，
熨燙整形，肩部、脇邊縫份
各自相互縫合固定。

0.3

後袖襱貼邊
（正面）

前身片
（正面）

❸從正面在袖襱壓線。

6. 下襬二摺邊後車縫

（背面）

3

2.5

下襬進行Z字形車縫，
接著二摺邊車縫。

交叉領洋裝…作品 P.20

原寸紙型
前身片…【A】交叉領　腰圍剪接　前身片
後身片…【A】腰圍剪接　後身片
袖子…【B】五分袖　燈籠袖
裡袖…【E】基本袖　五分袖
※前・後裙片依照裁布圖標註尺寸裁剪。

材料
Liberty print・Airycotto…約108cm寬 X 395／
405／415／415／415cm
平織布…110cm寬×40cm
絲絨緞帶…2cm寬×120cm
織帶（內側綁繩用）…1cm寬×110cm
二摺斜布條…12.7mm寬×125cm

完成尺寸
衣長…115.5/118/120.5/120.5/120.5cm
胸圍…92/96/100/105/110cm
袖長…29.5/32/34.5/34.5/34.5cm

※從左至右或從上至下為 7／9／11／13／15 號尺寸

裁布圖

Liberty print・Airycotto

摺雙
(0.5)
前身片 2 片
袖子 2 片
前端
62／63／64／65.5／67
79 / 80 / 81 / 80 / 79.5
前裙片 2 片
②
②
395／405／415／415／415cm
78／80／82／85／88
79 / 80 / 81 / 80 / 79.5
後裙片 1 片
②
後身片 1 片
(0.5)
約 108cm 寬

平織布
摺雙
40cm
裡袖 2 片
110cm 寬

※○內數字為縫份，除指定處之外，
縫份皆為 1cm。

車縫順序　※參考裁布圖裁剪布料

2. 車縫身片肩部
前
3. 領圍以斜布條處理
8. 製作袖子，接合於身片
1. 車縫尖褶
4. 車縫身片脇邊
9. 縫合內側綁繩與緞帶
5. 車縫裙片脇邊
7. 裙片抽細褶並車縫於身片
後
1.
6. 裙片前端・下襬三摺邊後車縫

1. 車縫尖褶
前身片（背面）
後身片（背面）
車縫尖褶，倒向中心側

2. 車縫身片肩部
前・後身片正面相疊車縫肩部，
2 片縫份一起進行 Z 字形車縫，倒向後側
後身片（正面）
前身片（背面）

3. 領圍以斜布條處理

4. 車縫身片脇邊

5. 車縫裙片脇邊

6. 裙片前端‧下襬三摺邊後車縫

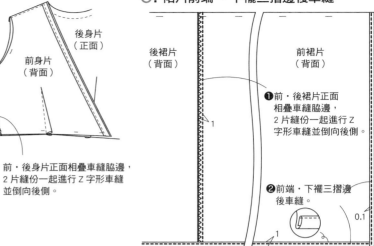

7. 裙片抽細褶並車縫於身片

8. 製作袖子，接合於身片

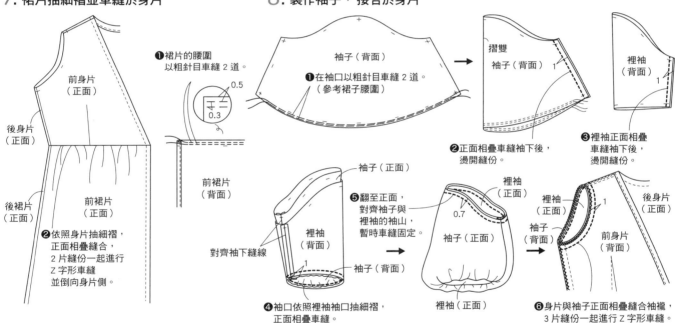

9. 縫合內側綁繩與緞帶

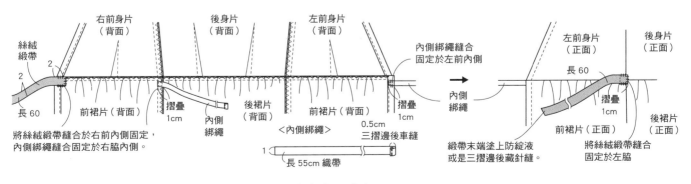

寬版剪裁洋裝···作品 P.21

原寸紙型
前身片···【E】寬版剪裁 前身片（傘狀荷葉）
後身片···【E】寬版剪裁 後身片（傘狀荷葉）
※領圍貼邊、袖襱貼邊依照身片繪製紙型（參考 P.83）
※短冊依照裁布圖標註尺寸裁剪。
※從左至右或從上至下為7/9 · 11/13 · 15號尺寸

材料
原創色彩亞麻布···105cm寬×210/220/230cm
※13 · 15號的布料寬度需要110cm以上
黏著襯···40×60cm
鈕釦···直徑1.3cm×4個

完成尺寸
衣長···95/97.5/100.5cm
胸圍···106/110/115cm

※從左至右或從上至下為 7/9 · 11/13 · 15 號尺寸

裁布圖

車縫順序 ※參考裁布圖裁剪布料，在指定位置黏貼黏著襯。

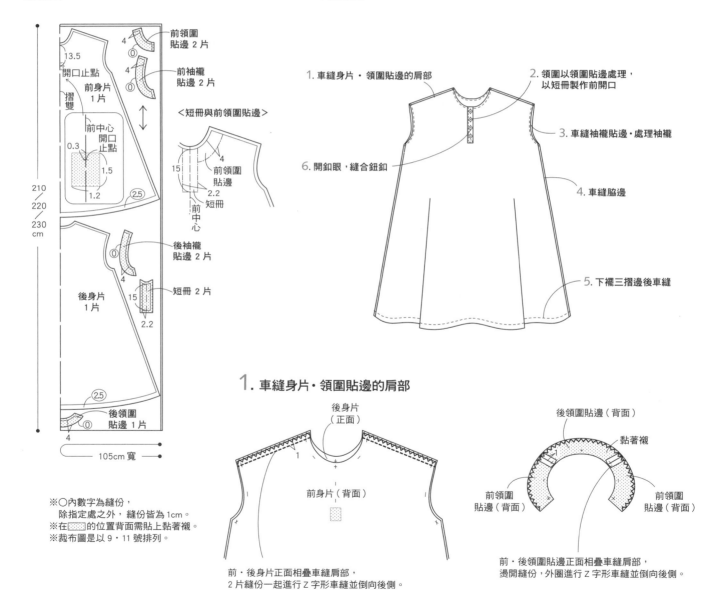

前領圍貼邊 2片
前袖襱貼邊 2片
＜短冊與前領圍貼邊＞
13.5
開口止點
前身片 1片
摺雙
前中心 開口 止點
0.3
1.5
1.2
2.5
210／220／230 cm
4
前領圍貼邊
短冊
前中心
15
2.2
後袖襱貼邊 2片
短冊 2片
15
2.2
後身片 1片
2.5
後領圍貼邊 1片
4
105cm 寬

※○內數字為縫份，
　除指定處之外，縫份皆為1cm。
※在 ▨ 的位置背面需貼上黏著襯。
※裁布圖是以 9 · 11 號排列。

1. 車縫身片 · 領圍貼邊的肩部
2. 領圍以領圍貼邊處理，以短冊製作前開口
3. 車縫袖襱貼邊 · 處理袖襱
6. 開釦眼，縫合鈕釦
4. 車縫脇邊
5. 下襬三摺邊後車縫

1. 車縫身片 · 領圍貼邊的肩部

後身片（正面）
前身片（背面）

前 · 後身片正面相疊車縫肩部，
2 片縫份一起進行Z字形車縫並倒向後側。

後領圍貼邊（背面）
黏著襯
前領圍貼邊（背面）
前領圍貼邊（背面）

前 · 後領圍貼邊正面相疊車縫肩部，
燙開縫份，外圍進行Z字形車縫並倒向後側。

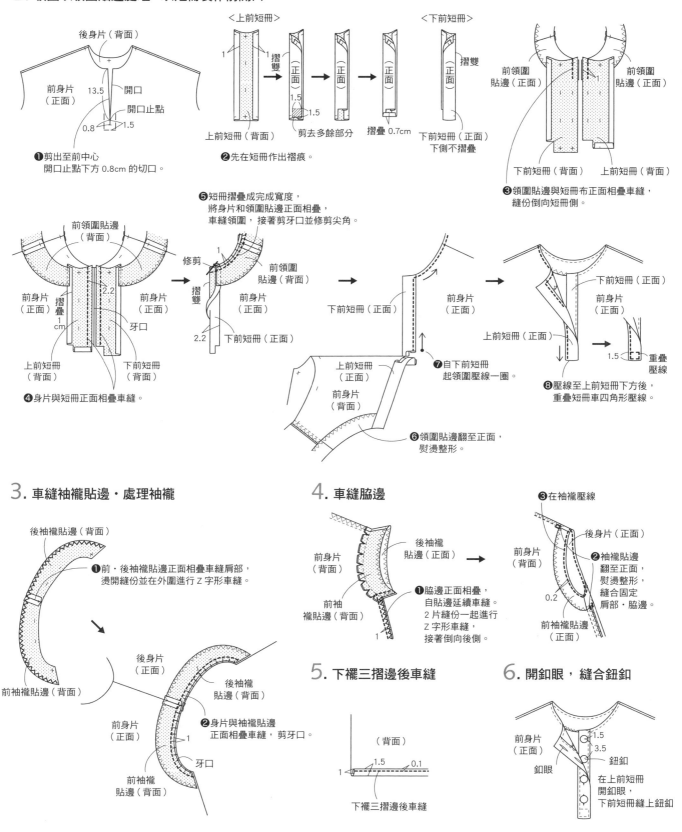

2. 領圍以領圍貼邊處理，以短冊製作前開口

＜上前短冊＞

＜下前短冊＞

後身片（背面）

前身片（正面）　13.5　開口

開口止點

0.8　1.5

❶剪出至前中心
開口止點下方 0.8cm 的切口。

上前短冊（背面）

摺雙　正面　1.5　正面　正面

剪去多餘部分

摺疊 0.7cm

下前短冊（正面）
下側不摺疊

❷先在短冊作出褶痕。

前領圍貼邊（正面）　前領圍貼邊（正面）

下前短冊（背面）　上前短冊（背面）

❸領圍貼邊與短冊布正面相疊車縫，縫份倒向短冊側。

前領圍貼邊（背面）

修剪

摺雙

2.2

前身片（正面）　摺疊 1cm　前身片（正面）

上前短冊（背面）　牙口　下前短冊（背面）

❹身片與短冊正面相疊車縫。

❺短冊摺疊成完成寬度，將身片和領圍貼邊正面相疊，車縫領圍，接著剪牙口並修剪尖角。

1　前領圍貼邊（背面）

2.2　下前短冊（正面）

前身片（正面）

下前短冊（正面）　上前短冊（正面）

前身片（背面）

❼自下前短冊起領圍壓線一圈。

❻領圍貼邊翻至正面，熨燙整形。

下前短冊（正面）

前身片（正面）

上前短冊（正面）

1.5　重疊壓線

❽壓線至上前短冊下方後，重疊短冊車四角形壓線。

3. 車縫袖襱貼邊・處理袖襱

後袖襱貼邊（背面）

❶前・後袖襱貼邊正面相疊車縫肩部，燙開縫份並在外圍進行 Z 字形車縫。

前袖襱貼邊（背面）

後身片（正面）

後袖襱貼邊（背面）

前身片（正面）

❷身片與袖襱貼邊正面相疊車縫，剪牙口。

牙口

前袖襱貼邊（背面）

4. 車縫脇邊

前身片（背面）

後袖襱貼邊（正面）

前袖襱貼邊（背面）

❶脇邊正面相疊，自貼邊延續車縫。2 片縫份一起進行 Z 字形車縫，接著倒向後側。

1

❸在袖襱壓線

後身片（正面）

前身片（背面）

❷袖襱貼邊翻至正面，熨燙整形，縫合固定肩部・脇邊。

0.2

前袖襱貼邊（正面）

5. 下襬三摺邊後車縫

（背面）

1.5　0.1

1

下襬三摺邊後車縫

6. 開鈕眼，縫合鈕釦

前身片（正面）

1.5
3.5

鈕釦

鈕眼

在上前短冊開鈕眼，下前短冊縫上鈕釦

翻領洋裝…作品 P.22

原寸紙型

前身片…【B】高腰剪接　前身片
後身片…【B】高腰剪接　後身片
前領圍…【E】前領圍①　翻領
後領圍…【E】後領圍①　翻領
※領圍貼邊、袖襱貼邊依照身片繪製紙型（參考 P.83）
※前‧後裙片尺寸刊登於 P.38
※領片依照裁布圖標註尺寸裁剪（作品為了配合條紋圖案以直線製版，若為素色布料，則使用 P.86 紙型）。

材料

泡泡紗彈性針織布
…160cm 寬 ×180/190/200/200/200cm
黏著襯…90×30cm
止伸襯布條（牽條）…1.2cm 寬 ×80cm
隱形拉鍊…56cm×1條

完成尺寸

衣長…95/97/100/100/100cm
胸圍…92/96/100/105/110cm

※從左至右或從上至下為 7/9/11/13/15 號尺寸

裁布圖

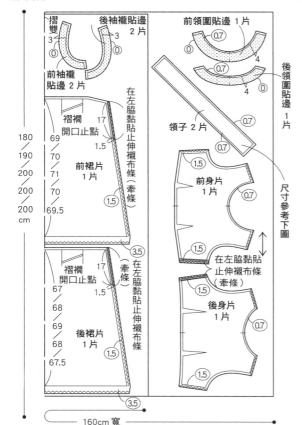

180
190
200
200
200
cm

160cm 寬

※○內數字為縫份，除指定處之外，縫份皆為 1cm。
※在▨▨的位置背面需貼上黏著襯。
※在左脇黏貼止伸襯布條（牽條）。
※〰〰代表以 Z 字形車縫處理縫份。

〈領片尺寸〉

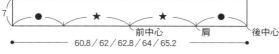

7
前中心　肩　後中心
60.8 / 62 / 62.8 / 64 / 65.2
●＝13.3 / 13.7 / 13.9 / 14.1 / 14.4
★＝17.1 / 17.3 / 17.5 / 17.9 / 18.2

車縫順序

※參考裁布圖裁剪布料，指定位置貼上黏著襯與止伸襯布條（牽條），Z 字形車縫處理。

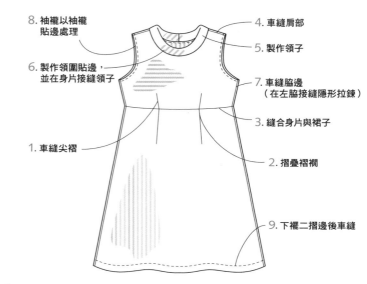

8. 袖襱以袖襱貼邊處理
6. 製作領圍貼邊，並在身片接縫領子
1. 車縫尖褶
4. 車縫肩部
5. 製作領子
7. 車縫脇邊（在左脇接縫隱形拉鍊）
3. 縫合身片與裙子
2. 摺疊褶襉
9. 下襬二摺邊後車縫

1. 車縫尖褶

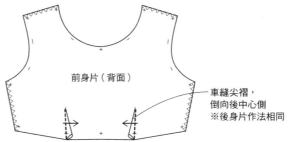

前身片（背面）

車縫尖褶，倒向後中心側
※後身片作法相同

2. 摺疊褶襉

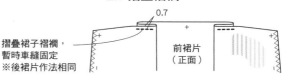

0.7

摺疊裙子褶襉，暫時車縫固定
※後裙片作法相同

前裙片（正面）

3. 縫合身片與裙子

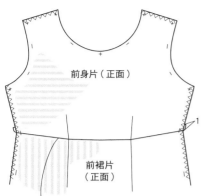

前身片（正面）

前裙片
（正面）

1

身片與裙子正面相對車縫腰圍，
2 片縫份一起進行 Z 字形車縫，
倒向身片側。

4. 車縫肩部

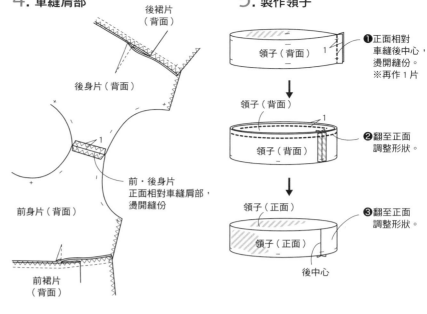

後裙片
（背面）

後身片（背面）

1

前身片（背面）

前・後身片
正面相對車縫肩部，
燙開縫份

前裙片
（背面）

5. 製作領子

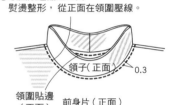

領子（背面）

1

❶正面相對
車縫後中心，
燙開縫份。
※再作 1 片

領子（背面）

1

領子（背面）

❷翻至正面
調整形狀。

領子（正面）

領子（正面）

❸翻至正面
調整形狀。

後中心

6. 製作領圍貼邊，
並在身片接縫領子

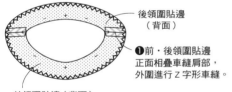

後領圍貼邊
（背面）

❶前・後領圍貼邊
正面相疊車縫肩部，
外圍進行 Z 字形車縫。

前領圍貼邊（背面）

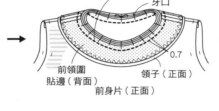

❷身片與領圍貼邊正面相疊，
夾住領子車縫領圍，剪牙口。

牙口

0.7

前領圍
貼邊（背面）

領子（正面）

前身片（正面）

❸領圍貼邊翻至正面，
熨燙整形，從正面在領圍壓線。

領子（正面）

0.3

領圍貼邊
（正面）

前身片（正面）

7. 車縫脇邊
（在左脇接縫隱形拉鍊）

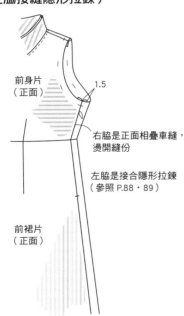

前身片
（正面）

1.5

右脇是正面相疊車縫，
燙開縫份

左脇是接合隱形拉鍊
（參照 P.88・89）

前裙片
（正面）

8. 袖襱以袖襱貼邊處理

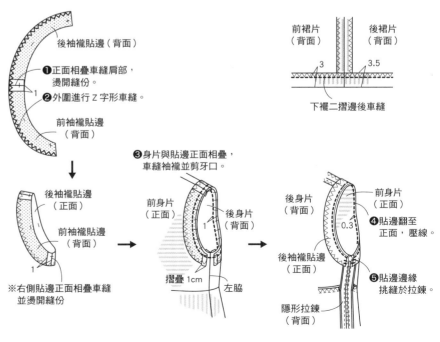

後袖襱貼邊（背面）

❶正面相疊車縫肩部，
燙開縫份。

1

❷外圍進行 Z 字形車縫。

前袖襱貼邊
（背面）

後袖襱貼邊
（正面）

前袖襱貼邊
（背面）

1

※右側貼邊正面相疊車縫
並燙開縫份

❸身片與貼邊正面相疊，
車縫袖襱並剪牙口。

前身片
（正面）

1

後身片
（背面）

摺疊 1cm

左脇

後身片
（背面）

前身片
（正面）

0.3

❹貼邊翻至
正面，壓線。

後袖襱貼邊
（正面）

❺貼邊邊緣
挑縫於拉鍊。

隱形拉鍊
（背面）

9. 下襬二摺邊後車縫

前裙片
（背面）

後裙片
（背面）

3

3.5

下襬二摺邊後車縫

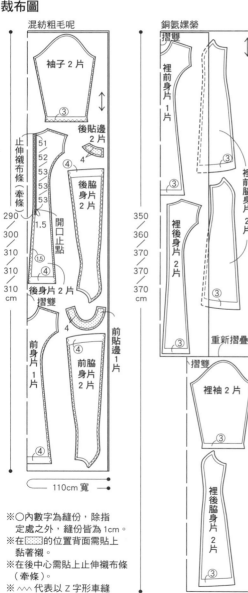

※從左至右或從上至下為
7/9/11/13/15 號尺寸

派內爾剪接洋裝…作品P.23

原寸紙型

前身片・前脇身片
…【C】派內爾剪接　前身片（基本款）
後身片・後脇身片
…【D】派內爾剪接　後身片（基本款）
袖子…【E】基本袖　長袖
前領圍…【E】前領圍①　圓領（較寬）
後領圍…【E】後領圍①　圓領（較寬）
※貼邊依照身片繪製紙型（參考P.83）※裡身片是
表身片在下襬平行縮減3cm衣長　※裡身片領圍要
剪去4cm貼邊分量　※裡袖是將表袖在袖口線平行
縮短袖長2cm

材料

混紡粗毛呢
…110cm寬×290/300/310/310/310cm
銅氨嫘縈…92cm寬×350/360/370/370/370cm
黏著襯…65×20cm
止伸襯布條（牽條）…1.2cm寬×120cm
隱形拉鍊…56cm×1條

完成尺寸

衣長…95/97.5/100.5/100.5/100.5cm
胸圍…91.2/95.2/99.2/104.2/109.2cm

裁布圖

混紡粗毛呢

袖子 2 片　③

止伸襯布條（牽條）
51
52
53
53
53

後貼邊
2 片
④
4

後脇
身片
2 片
④

290
300
310
310
310
cm

1.5
開口止點

(1.5)
④

後身片 2 片
摺雙

前身片
1 片
④

前貼邊
1 片

前脇
身片
2 片
④

④

◀ 110cm 寬 ▶

銅氨嫘縈
摺雙

裡前
身片
1 片
③

裡前脇身片
2 片
③

裡後
身片
2 片
③

重新摺疊

摺雙

裡袖 2 片
③

裡後
脇身片
2 片
③

350
360
370
370
370
cm

◀ 92cm 寬 ▶

※○內數字為縫份，除指
定處之外，縫份皆為 1cm。
※在▒▒的位置背面需貼上
黏著襯。
※在後中心需貼上止伸襯布條
（牽條）。
※ ∧∧∧ 代表以 Z 字形車縫
處理縫份。

車縫順序

※參考裁布圖裁剪布料，指定位置貼上黏著襯與止伸襯布條（牽條），
Z 字形車縫處理。

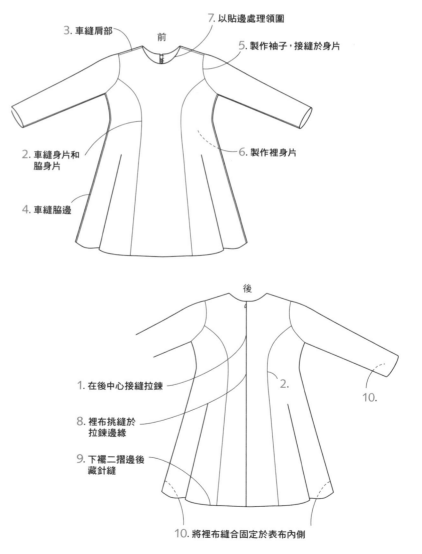

3. 車縫肩部
前
7. 以貼邊處理領圍
5. 製作袖子，接縫於身片
2. 車縫身片和脇身片
6. 製作裡身片
4. 車縫脇邊

後
1. 在後中心接縫拉鍊
2.
10.
8. 裡布挑縫於拉鍊邊緣
9. 下襬二摺邊後藏針縫
10. 將裡布縫合固定於表布內側

Sewing Pattern Book
Dress
100

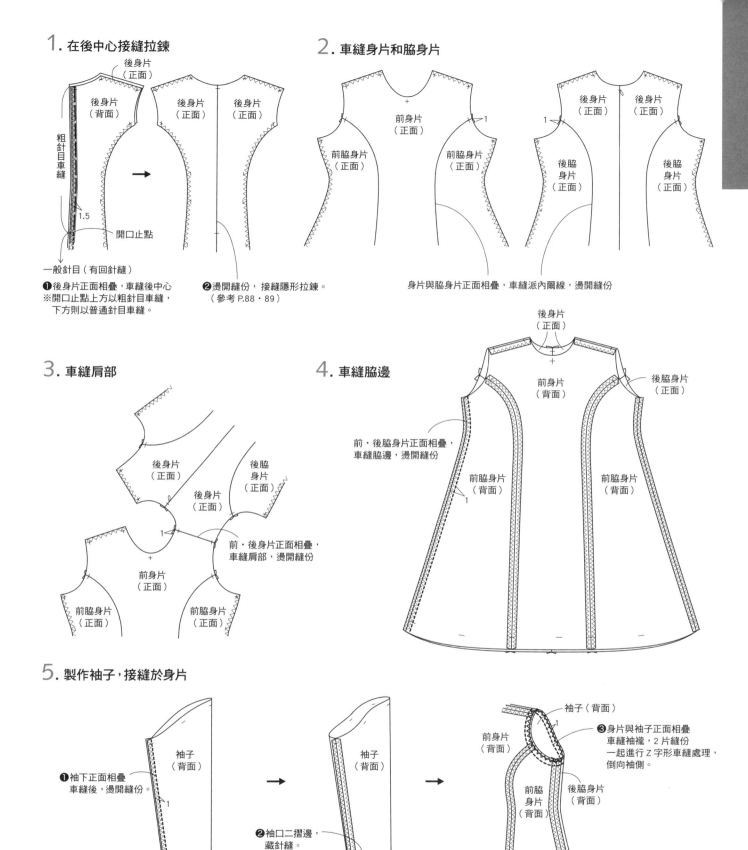

1. 在後中心接縫拉鍊

後身片
（正面）

後身片
（背面）

後身片
（正面）

後身片
（正面）

粗針目車縫

1.5

開口止點

一般針目（有回針縫）

❶後身片正面相疊，車縫後中心
※開口止點上方以粗針目車縫，
　下方則以普通針目車縫。

❷燙開縫份，接縫隱形拉鍊。
（參考 P.88・89）

2. 車縫身片和脇身片

前身片
（正面）

前脇身片
（正面）

後身片
（正面）

前脇身片
（正面）

後身片
（正面）

1

1

後脇身片
（正面）

後脇身片
（正面）

身片與脇身片正面相疊，車縫派內爾線，燙開縫份

3. 車縫肩部

後身片
（正面）

後身片
（正面）

後脇身片
（正面）

前身片
（正面）

前脇身片
（正面）

前脇身片
（正面）

1

前・後身片正面相疊，
車縫肩部，燙開縫份

4. 車縫脇邊

後身片
（正面）

後脇身片
（正面）

前身片
（背面）

前・後脇身片正面相疊，
車縫脇邊，燙開縫份

前脇身片
（背面）

前脇身片
（背面）

1

5. 製作袖子，接縫於身片

袖子
（背面）

❶袖下正面相疊
　車縫後，燙開縫份。

1

袖子
（背面）

❷袖口二摺邊，
　藏針縫。

3

前身片
（背面）

袖子（背面）

1

❸身片與袖子正面相疊
　車縫袖襱，2片縫份
　一起進行Z字形車縫處理，
　倒向袖側。

前脇
身片
（背面）

後脇身片
（背面）

6. 製作裡身片

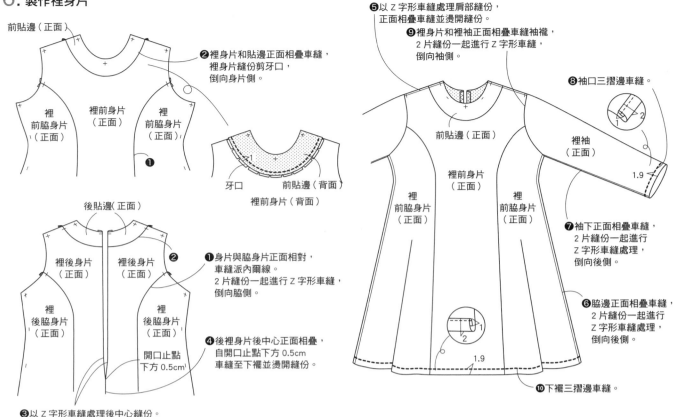

前貼邊（正面）

❷裡身片和貼邊正面相疊車縫，
裡身片縫份剪牙口，
倒向身片側。

裡
前脇身片
（正面）

裡前身片
（正面）

裡
前脇身片
（正面）

❶

牙口

前貼邊（背面）

裡前身片（背面）

❺以 Z 字形車縫處理肩部縫份，
正面相疊車縫並燙開縫份。

❾裡身片和裡袖正面相疊車縫袖襱，
2 片縫份一起進行 Z 字形車縫，
倒向袖側。

❽袖口三摺邊車縫。

前貼邊（正面）

裡前身片
（正面）

裡袖
（正面）

1.9

❼袖下正面相疊車縫，
2 片縫份一起進行
Z 字形車縫處理，
倒向後側。

裡
前脇身片
（正面）

裡
前脇身片
（正面）

❻脇邊正面相疊車縫，
2 片縫份一起進行
Z 字形車縫處理，
倒向後側。

1.9

❿下襬三摺邊車縫。

後貼邊（正面）

裡後身片
（正面）

裡後身片
（正面）

❷

裡
後脇身片
（正面）

裡
後脇身片
（正面）

開口止點
下方 0.5cm

❶身片與脇身片正面相對，
車縫派內爾線。
2 片縫份一起進行 Z 字形車縫，
倒向脇側。

❹後裡身片後中心正面相疊，
自開口止點下方 0.5cm
車縫至下襬並燙開縫份。

❸以 Z 字形車縫處理後中心縫份。

7. 以貼邊處理領圍

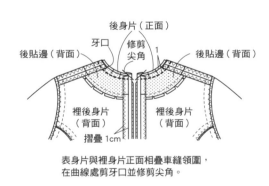

後身片（正面）

後貼邊（背面）

牙口

修剪
尖角

後貼邊（背面）

裡後身片
（背面）

裡後身片
（背面）

摺疊 1cm

表身片與裡身片正面相疊車縫領圍，
在曲線處剪牙口並修剪尖角。

8. 裡布挑縫於拉鍊邊緣

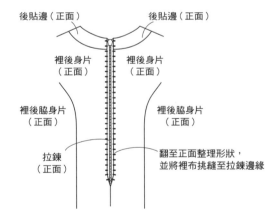

後貼邊（正面）   後貼邊（正面）

裡後身片
（正面）

裡後身片
（正面）

裡後脇身片
（正面）

裡後脇身片
（正面）

拉鍊
（正面）

翻至正面整理形狀，
並將裡布挑縫至拉鍊邊緣

9. 下襬二摺邊後藏針縫

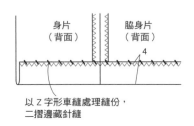

身片
（背面）

脇身片
（背面）

4

以 Z 字形車縫處理縫份，
二摺邊藏針縫

10. 將裡布縫合固定於表布內側

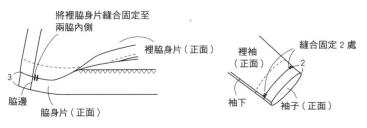

將裡脇身片縫合固定至
兩脇內側

裡脇身片（正面）

3

脇邊

脇身片（正面）

裡袖
（正面）

縫合固定 2 處

2

袖下

袖子（正面）

細肩帶洋裝…作品 P.24

原寸紙型
前身片…【E】細肩帶洋裝　前身片
後身片…【E】細肩帶洋裝　後身片

材料
銅氨嫘縈…92m寬×240/250/260/260/260cm
單圈…內徑1cm×2個
日型環…內徑1cm×2個

完成尺寸
衣長（後中心上端至下襬）
…67/69/71.5/70.5/69.5cm
胸圍…83.5/87.5/91.5/96.5/101.5cm

※從左至右或從上至下為 7/9/11/13/15 號尺寸

裁布圖

車縫順序　※參考裁布圖裁剪布料，製作斜布條。

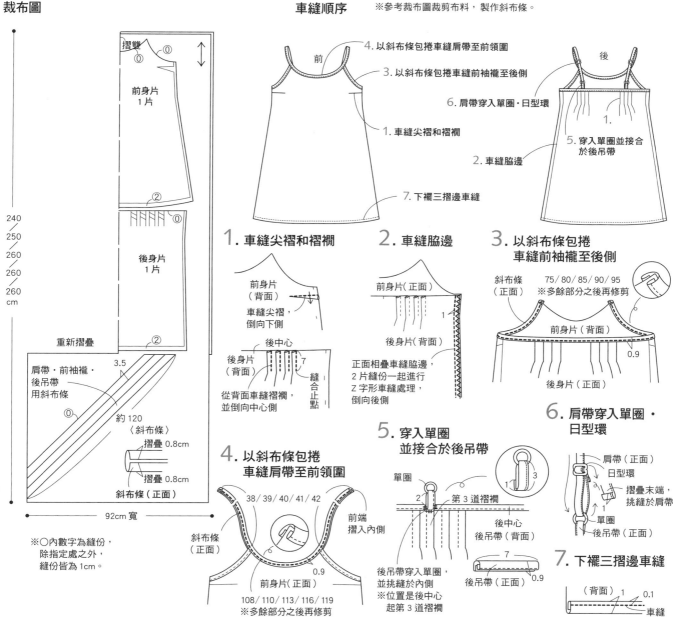

裁布圖標示：
摺雙
前身片 1片
後身片 1片
重新摺疊
240/250/260/260/260 cm
肩帶・前袖襱・後吊帶用斜布條
3.5
約 120〈斜布條〉
摺疊 0.8cm
摺疊 0.8cm
斜布條（正面）
92cm寬
※○內數字為縫份，除指定處之外，縫份皆為 1cm。

車縫順序圖標示：
前
後
4. 以斜布條包捲車縫肩帶至前領圍
3. 以斜布條包捲車縫前袖襱至後側
6. 肩帶穿入單圈・日型環
1. 車縫尖褶和褶襇
5. 穿入單圈並接合於後吊帶
2. 車縫脇邊
7. 下襬三摺邊車縫

1. 車縫尖褶和褶襇
前身片（背面）
車縫尖褶，倒向下側
後中心
後身片（背面）
從背面車縫褶襇，並倒向中心側
7
縫合止點

2. 車縫脇邊
前身片（正面）
後身片（背面）
1
正面相疊車縫脇邊，2 片縫份一起進行 Z 字形車縫處理，倒向後側

3. 以斜布條包捲車縫前袖襱至後側
斜布條（正面）　75/80/85/90/95　※多餘部分之後再修剪
前身片（背面）
後身片（正面）
0.9

4. 以斜布條包捲車縫肩帶至前領圍
38/39/40/41/42
斜布條（正面）
前端摺入內側
前身片（正面）
0.9
108/110/113/116/119
※多餘部分之後再修剪

5. 穿入單圈並接合於後吊帶
單圈
2
第 3 道褶襇
後中心
後吊帶（背面）
後吊帶穿入單圈，並挑縫於內側
※位置是後中心起第 3 道褶襇
後吊帶（正面）
7
0.9

6. 肩帶穿入單圈・日型環
肩帶（正面）
日型環
摺疊末端，挑縫於肩帶
單圈
後吊帶（正面）
1　3

7. 下襬三摺邊車縫
（背面）
1　0.1
車縫

國家圖書館出版品預行編目(CIP)資料

設計自己的洋裝・一件就型的獨創設計款/野木陽子著;
周欣芃譯. -- 初版. – 新北市：雅書堂文化, 2022.12
　面；　公分. -- (Sewing縫紉家; 47)
ISBN 978-986-302-650-1 (平裝)

1.縫紉 2.衣飾 3.手工藝

426.3　　　　　　　　　　　　　111019566

Sewing 縫紉家 47

設計自己的洋裝
一件就型的獨創設計款

作　　者／野木陽子
譯　　者／周欣芃
發 行 人／詹慶和
執行編輯／劉蕙寧
編　　輯／蔡毓玲・黃璟安・陳姿伶
封面設計／陳麗娜
美術編輯／周盈汝・韓欣恬
內頁排版／陳麗娜
出 版 者／雅書堂文化事業有限公司
發 行 者／雅書堂文化事業有限公司
郵撥帳號／18225950　郵政劃撥戶名：雅書堂文化事業有限公司
地　　址／新北市板橋區板新路206號3樓
網　　址／www.elegantbooks.com.tw
電子郵件／elegant.books@msa.hinet.net
電　　話／(02)8952-4078
傳　　真／(02)8952-4084

2022年12月初版一刷　定價 580 元

ONE PIECE NO KIHON PATTERN SHU (NV70556)
Copyright © Yoko Nogi / NIHON VOGUE-SHA 2020
All rights reserved.
Photographer: Noriaki Moriya
Original Japanese edition published in Japan by NIHON VOGUE Corp.
Traditional Chinese translation rights arranged with NIHON VOGUE Corp.
through Keio Cultural Enterprise Co., Ltd.
Traditional Chinese edition copyright © 2022 by Elegant Books Cultural
Enterprise Co., Ltd.

經銷／易可數位行銷股份有限公司
地址／新北市新店區寶橋路235巷6弄3號5樓
電話／(02)8911-0825　傳真／(02)8911-0801

Sewing Pattern Book II
Dress

Profile | 野木陽子 ● Yoko Nogi

桑沢設計研究所洋裝設計科畢業。
之後於紐約Maison Sapho School of Dressmaking and Design.Inc.攻讀高級訂製服。
目前除了經營成人服飾縫製教室，也持續發表自己的成人和小孩服系列。除了不斷推出特有的設計款式，也持續推廣縫紉活動。著有《初學者也能完全上手的拉鍊縫製》（日條文藝社）、《漂亮版型洋裝》（世界文化社）、《舒適的兒童服飾》（日條ヴォーグ社）、《設計自己的襯衫＆上衣》（雅書堂出版）等書籍。
http://www.yokonogi.com/

〔Staff〕
設計／寺山文惠
攝影／森谷則秋
原寸紙型＆縫製步驟／安藤能子
原寸紙型尺寸／有限会社セリオ
編輯協／吉田晶子
編輯擔當／荒木嘉美

Sewing Pattern Book II
Dress

縫紉家 🪡 Sewing 　完美手作服の必看參考書籍

全圖解 晉升完美裁縫師必學基本功
裁縫聖經
作者：Boutique-sha
定價：1200元
26×21 cm・632頁

雅書堂 FUN手作13
手作族一定要會的
裁縫基本功
授權：Boutique社
定價：380元
26×21 cm・128頁

本圖摘自《一件有型・文青女子系連身褲＆連身裙》

雅書堂 SEWING縫紉家2
手作服基礎班：
畫紙型＆裁布技巧book
作者：水野佳子
定價：350元
26×19 cm・96頁

雅書堂 SEWING縫紉家3
手作服基礎班：
口袋製作基礎book
作者：水野佳子
定價：320元
26×19cm・72頁

雅書堂 SEWING縫紉家4
手作服基礎班：
從零開始的縫紉技巧book
作者：水野佳子
定價：380元
26×19 cm・132頁

雅書堂 SEWING縫紉家5
手作達人縫紉筆記：
手作服這樣作就對了
作者：月居良子
定價：380元
26×19cm・96頁

雅書堂 SEWING縫紉家38
設計自己的襯衫＆上衣・
基礎版型×細節設計的
原創風格
作者：野木陽子
定價：480元
26×21 cm・96頁

雅書堂 SEWING縫紉家19
專業裁縫師的紙型修正祕訣
作者：土屋郁子
定價：580元
26×21 cm・152頁

雅書堂 SEWING縫紉家21
在家自學縫紉的基礎教科書
作者：伊藤みちよ
定價：450元
26×19 cm・112頁

雅書堂 SEWING縫紉家28
輕鬆學手作服設計課・
4款版型作出16種變化
作者：香田あおい
定價：420元
26×19 cm・112頁

雅書堂 SEWING縫紉家17
無拉鍊設計的一日縫紉：
簡單有型的鬆緊帶褲＆裙
作者：BOUTIQUE-SHA
定價：380元
26×21 cm・80頁

雅書堂 SEWING縫紉家34
無拉鍊×輕鬆縫・鬆緊帶
設計的褲＆裙＆配件小物
作者：BOUTIQUE-SHA
定價：420元
26×21 cm・96頁

雅書堂 SEWING縫紉家35
25款經典設計隨你挑！
自己作絕對好穿搭的手作裙
作者：BOUTIQUE-SHA
定價：420元
26×21 cm・96頁

雅書堂 SEWING縫紉家39
一件有型・文青女子系
連身褲＆連身裙
授權：Boutique社
定價：420元
26×21 cm・80頁

雅書堂 SEWING縫紉家36
設計師媽咪親手作‧
可愛小女孩的日常＆外出服
作者：鳥巢彩子
定價：420元
26×21 cm‧96頁

雅書堂 SEWING縫紉家41
媽媽跟我穿一樣的！
媽咪＆小公主的手作親子裝
授權：Boutique-sha
定價：420元
26×21 cm‧80頁

雅書堂 SEWING縫紉家42
小女兒的設計師訂製服
作者：片貝夕起
定價：520元
26×21 cm‧104頁

雅書堂 SEWING縫紉家29
量身訂作‧有型有款的男
子襯衫：休閒‧正式‧軍
裝‧工裝襯衫一次學完
作者：杉本善英
定價：420元
26×19 cm‧88頁

美日文本 生活書4
西裝的鐵則
作者：森岡 弘
定價：380元
26×18.5 cm‧96頁

雅書堂 SEWING縫紉家44
溫室裁縫師：
手工縫製的溫柔系
棉麻質感日常服
作者：溫可柔
定價：520元
26×21 cm‧136頁

雅書堂 SEWING縫紉家27
設計師的私房款手作服
作者：海外竜也
定價：420元
26×19 cm‧96頁

雅書堂 SEWING縫紉家37
服裝設計師教你紙型的應
用與變化‧自己作20款質
感系手作服
作者：月居良子
定價：420元
27.5×21 cm‧96頁

雅書堂 SEWING縫紉家22
簡單穿就好看！
大人女子的生活感製衣書
作者：伊藤みちよ
定價：380元
26×21 cm‧80頁

雅書堂 SEWING縫紉家33
今天就穿這一款！
May Me的百搭大人手作服
作者：伊藤みちよ
定價：420元
26×21 cm‧88頁

雅書堂 SEWING縫紉家32
布料嚴選‧鎌倉SWANY的
自然風手作服
作者：主婦與生活社
定價：420元
28.5×21 cm‧88頁

雅書堂 SEWING縫紉家31
舒適自然的手作‧設計師
愛穿的大人感手作服
作者：小林紫織
定價：420元
26×19 cm‧80頁

雅書堂 SEWING縫紉家30
快樂裁縫我的百搭款手作
服：一款紙型100％活用
＆365天穿不膩
作者：Boutique-sha
定價：420元
26×21 cm‧80頁

雅書堂 SEWING縫紉家40
就是喜歡這樣的自己‧
May Me的自然自在手作服
作者：伊藤みちよ
定價：450元
26×21 cm‧88頁

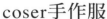

coser手作服

本圖摘自《Coser必看的Cosplay手作服×道具製作術》

雅書堂 SEWING縫紉家7
Coser必看的Cosplay
手作服×道具製作術
作者：日本Vogue社
定價：480元
29.7×21 cm‧96頁

雅書堂 SEWING縫紉家12
Coser必看的Cosplay
手作服×道具製作術2：
華麗進階款
作者：日本Vogue社
定價：550元
21×29.7 cm‧106頁

雅書堂 SEWING縫紉家26
Coser手作裁縫師
作者：日本Vogue社
定價：480元
29.7×21 cm‧90頁

Sewing Pattern Book II
Dress